面向领域知识的业务流程可变性配置管理研究

黄贻望　赖涵　著

U0302396

科 学 出 版 社

北　京

内 容 简 介

为了满足企业建立动态化、智能化的自适应业务流程的需求，本书首先提出 RGPS 引导与模型检测相结合的业务流程可变性配置管理框架；然后从用户和目标的约束、数据流之间依赖关系约束及业务合规规则的一致性分析出发，实现不同视角、粒度的业务流程可变性配置管理技术的研究。

在相关研究方法的基础上，本书设计了相应的业务流程可变性配置管理原型系统，用于进行业务流程可变性配置管理的实证分析，并实现了部分简单的模块和性能。

本书适用于软件工程及业务流程管理领域的研究生和科研工作者。

图书在版编目（CIP）数据

面向领域知识的业务流程可变性配置管理研究/黄贻望，赖涵著. —北京：科学出版社，2019.6

　　ISBN 978-7-03-060265-7

　　Ⅰ.①面… Ⅱ.①黄… ②赖… Ⅲ.①业务流程–自适应控制系统 Ⅳ.①TP273

中国版本图书馆 CIP 数据核字（2018）第 295516 号

责任编辑：宋　芳　王会明 / 责任校对：赵丽杰
责任印制：吕春珉 / 封面设计：东方人华设计部

科学出版社 出版
北京东黄城根北街 16 号
邮政编码：100717
http://www.sciencep.com
北京中科印刷有限公司 印刷
科学出版社发行　　各地新华书店经销
*
2019 年 6 月第 一 版　　开本：B5（720×1000）
2020 年 9 月第二次印刷　　印张：10 1/4
字数：212 000

定价：86.00 元
（如有印装质量问题，我社负责调换〈中科〉）
销售部电话 010-62136230　编辑部电话 010-62135763-2008

前　　言

互联网思维促进企业变革，其业务向全球化和虚拟化转化，高效的业务流程管理就显得日益重要。基于此，企业开始调整和优化业务流程的部署、运行和监控，以增加企业业务流程管理与大数据等新兴技术的协同能力，以及实现灵活柔性的一体化业务流程，这迎合了"以用户需求为主导"的服务宗旨。在此目标的驱动下，业务流程能够随用户需求而变，实现流程的动态化、智能化，并最终建立起满足战略转型的开放、协同、融合的业务流程和组织体系，从而快速满足客户的需求，因此，流程感知的信息系统得到广泛关注。

在模型驱动的流程感知信息系统中，业务流程模型在不同应用情境中重用会产生大量共享公共特征的业务流程变体，对业务流程变体的配置和管理是业务流程复用中很重要的一个研究课题。传统参考模型是业务流程常用的复用技术，但侧重于描述静态的业务逻辑，模型执行阶段通过手工裁剪完成复用，而无法根据特定需求对业务流程模型进行个性化的配置，这限制了模型驱动的信息系统对需求和环境变化的适应能力。可配置业务流程模型提供了一个管理可变性的基础方法，并使得流程感知信息系统中的流程模型重用成为可能。通过这种方法能够很好地重用实践经验和流程知识，从而使企业适应个性化业务流程的柔性需求，与自适应工作流等旨在提高信息系统应对业务流程运行时适应动态变化的柔性能力相比，可配置业务流程模型通过增加一个配置阶段将参考模型根据特定需求进行自动化或半自动化的配置操作，使"瘦身"后的流程模型规模与逻辑复杂度得到一定程度的降低，从而提高信息系统的处理效率。因此，可配置业务流程模型为用户提供了业务流程中活动或任务的配置和选择的决策，从而对业务流程模型规模进行有效的约减，提高了相应信息系统的处理效率。由此可见，对可配置业务流程模型的相关方面的研究具有广阔的应用前景。

近年来，基于业务流程可变性研究的配置管理技术在学术界及企业界得到广泛的重视，在 CCF 列表 B 类会议中，面向服务的计算国际会议（International Conference on Service Oriented Computing，ICSOC）、高级信息系统工程国际会议（International Conference on Advanced Information Systems Engineering，CAISE）和业务流程管理国际会议（Business Process Management，BPM）等顶级国际会议专门将业务流程的可变性及其管理作为一个重要的研究课题，以及时总结和交流业务流程配置管理方面的最新研究成果。同时，由于业务流程可变性配置管理技术凝练了企业的成熟经验与知识，为建立流程知识自动化奠定了基础性的工作，因此，中华人民共和国科学技术部（全书简称"科技部"）优先资助重点领域"流程工业知识自动化系统设计方法与应用验证"的研究。

总的来说，业务流程在可变性配置管理方法中的应用是业务流程管理中的一个全新的研究领域，因此，进一步研究基于业务流程的可变性配置管理的可配置业务流程建模分析与验证技术具有重要的科学意义，但在互联网时代大数据环境下的复杂技术要求和制约因素，使得这一问题的研究面临不小的挑战。本书就是基于以上背景而编写的，全书主要对业务流程的配置管理进行研究，包括多视角的可配置业务流程建模分析、数据流和目标约束的可配置业务流程检验及合规性分析。

本书的研究和撰写得到了众多基金项目和科研平台的资助，它们分别是：国家自然科学基金（项目编号：61562073）、贵州省教育厅基金（黔教合人才团队字〔2015〕67 号，黔教合 KY 字〔2016〕051 号）、铜仁市文化科技产业研究中心博士后科研工作站、贵州省铜仁学院武陵山片区生态农业大数据研究与应用院士工作站、重庆市教委科学技术研究项目"基于模型驱动的企业信息系统云迁移决策方法研究"（项目编号：KJ1500630）、重庆市检测控制集成系统工程实验室新技术新产品开放课题"社会技术系统的可信需求获取与分析方法研究"（项目编号：1456026）、重庆工商大学科研启动经费项目"基于群体智慧驱动的协作需求获取与精化方法研究"（项目编号：2015-56-01）。

由于作者水平有限，书中难免存在疏漏和不足之处，恳请广大读者和专家批评指正。

黄贻望　赖涵

2018 年 6 月 12 日

目　　录

第 1 章 绪 论

企业业务的全球化和虚拟化使高效的业务流程管理（business process management，BPM）显得日益重要。越来越多的企业开始梳理自己的业务流程，从而运行和部署业务流程模型，并通过对运行流程的监测及历史数据的分析，逐步优化其业务流程。因此，流程感知信息系统（process-aware information system，PAIS）得到广泛关注。近年来，随着云计算、大数据、社会计算等新兴技术的兴起，能够增强企业协同效能的 BPM 技术也面临更多机遇与挑战。

1.1 背景和意义

大数据、云计算、移动互联时代的到来，打破了人们的惯性思维壁垒[1-5]，在改变人们固有生活方式的同时，也让众多企业开始了大数据时代下互联网思维的变革转型。互联网思维的狂热来袭，带来了"以用户为中心"的新商业模式的转变，促使企业建立一体化的思维，打破传统界限，加强产品、销售、服务的跨部门协作，实现灵活柔性的业务流程。这不仅贯彻了"以客户需求为导向"的服务宗旨，而且为 BPM[2] 带来了更加宽广的市场空间。BPM 市场的企业应该拥有技术开拓者和产品领先者所具备的敏锐嗅觉，能够准确把握时代信息，及时调整软件的研发模式、应用模式和商业模式，从而使业务流程能够随用户的动态需求而变，实现智能化、动态化的业务流程，最终构建开放、协同、融合的业务流程体系，快速灵活地满足客户需求。

BPM 是结合信息技术和管理科学的知识并应用于操作管理业务流程的学科，其因在增加产品和节省成本方面所具有的潜力而吸引了众多研究者的注意。目前，已有很多 BPM 系统，但这些系统都是通过精确流程设计，受执行和管理操作性业务流程驱动的一般化软件系统。

BPM 的生命周期如图 1-1 所示。在设计（重）阶段，业务流程模型由设计人员设计，之后在实现和配置阶段被转换成运行系统，如果这个设计好的业务流程模型是可执行的且已经在相应 BPM 系统中运行，则这个阶段会非常短；如果模型不是可执行的，则需要在传统的软件系统中进行硬编码，这个阶段可能需要较长的时间。支持设计业务流程的系统，开始进入运行和调整阶段，在这个阶段，流程在需要的时候运行并且调整，且业务流程不需要重新设计和创建新的软件形式，仅需要预定义自适应或重配置业务流程，作为设计（重）阶段的输入。业务流程模型阶段能够进行业务流程模型的分析，如模拟应用分析或使用模型验证新设计的正确性。

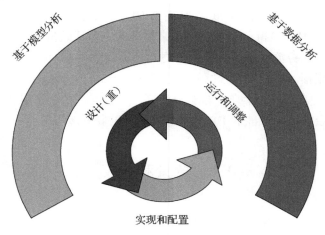

图 1-1　BPM 的生命周期

一般来说，业务流程模型主要着眼于控制流的视角[6]，但也包含其他视角，如资源视角（模型角色、组织单位、授权等）、数据视角（建模决策、数据的创建、表格等）、时间视角（建模时间、期限等），以及系统功能视角（描述活动和相关的应用程序）。PAIS 包括传统的工作流管理系统（workflow management，WFM），为过程提供更多的柔性选择或支持特定的进程[7]，如大型企业资源计划系统（enterprise resource planning，ERP）[如系统应用与产品（system applications and products，SAP）]、客户关系管理系统（customer relationship management，CRM）等[8]，尽管它们并不一定通过通用的工作流引擎进行必要的过程控制，但它们都可看作是流程感知的。这些系统的共同点是有一个明确的流程概念且信息系统是支持过程感知的，不管是 CRM 还是 ERP 等系统，对动态变化的互联网环境的自适应能力还存在一定的不足。

近年来，世界对 PAIS[9]有了统一的认识，即它是在 BPM 中建立起来的。BPM 是一个成熟的学科，它的指导原则和潜在技术已经作为操作性和信息技术（information technology，IT）驱动的基础被广泛接受和运用。通过 BPM，企业能够节省时间和成本，然而，尽管有这些优势，PAIS 建模仍然面临巨大的挑战。目前，实现一个企业新的业务领域或项目中特定需求的弹性搜索（elastic search，ES）

配置需要消耗重要资源。例如，一个为不同客户提供工资单业务流程的企业必须随时准备从头开始重设工资单业务流程，以适应不同种类客户的需求，因而会消耗业务分析人员、IT 架构开发者和软件开发者的劳力，对于那些想要随着不同市场而改变特定领域业务的企业尤其如此。

对一个有经验的 BPM 实践者来说，寻求企业、给定工业或交叉工业间业务单元的业务流程之间的共性是很容易的。例如，现金订单业务流程经常是指应用于从订单被供应商接收的时刻到订单完成时刻的业务流程，显然，在进行现金订单业务时，现金订单流程包括开发票、传送和支付等相关的活动。然而，现金订单业务流程看起来相似，却不尽相同。例如，一个货物交付的现金订单业务流程与一个服务交付（咨询服务的交付）的现金订单业务流程是不同的，货物交付是一个在固定时间内、离散地点发生的物理交付，货物交付的条件是通过收据进行检查的；而服务交付可能会在长时间内出现，在这段时间内，评估咨询服务的质量比检查固定货物的质量要严格得多。因此，相关的现金订单流程具有不同的业务流程变体是必然现象。尽管这些业务流程变体具有差异性，但当涉及分析和重设计这些现金订单业务流程时，企业会从中学习很多经验知识。如果企业每次都在原始业务流程的基础上进行建模和重设计业务流程，而不考虑其领域的共性，则必然会导致低效。

针对现有系统（如 CRM 和 ERP 等）的局限性，许多学者提出了一种可配置业务流程模型（configurable business process model，CBPM）[6,9,10-15]。可配置业务流程模型描述的是一个流程模型家族，即它通过配置特定的流程（可通过定制实现）来进行实例化执行，为满足特定用户需求进行服务。这里的配置是通过隐藏（hidden）或阻塞（blocked）[10,13]可配置业务流程模型的某些片段而获取个性化业务的过程，这种配置方式可以选择用户所需的行为，如图 1-2 所示[6,16]。可配置过程经历设计、配置、个性化、执行 4 个阶段。在设计阶段，设计满足领域需求的过程模型，即可配置业务流程模型，然后对这个可配置业务流程模型进行配置操作和个性化操作，再通过代码来实现，最后由用户执行。从一般 BPM 软件的角度来看，可配置业务流程模型可以看作开发特定领域业务流程集的一种机制；而从 ERP 软件的角度来看，可配置业务流程模型可以看作是以业务流程为中心的一种重构手段，其中，部分必要的重构流程隐藏在表结构和应用程序代码中。多种可配置业务流程的建模语言已经被提出，它们都是在现有建模语言的基础上进行扩展得到的，如 C-EPC（event-driven process chain，事件驱动过程链）、C-SAP（configurable system applications and products，系统应用与产品）、C-BPEL（business process execution language，业务流程执行语言）等[6,11,17]。在这些可配置业务流程的配置过程中，采用配置操作会使原业务流程模型产生业务流程碎片，同时，已有的相关建模语言主要关注业务流程的控制流视角，而对业务流程的其他视角（如资源视角、数据视角）关注相对较少。事实上，由于隐藏或阻塞选定的片段，模型配置后可能产生行为异常，如死锁和活锁。这个问题可能会因一个模型的配置决策增加而导致复杂度增加，在可配置业务流程配置后对其进行行为分析与正确性验证非常重要，至今，国内外对这方面的研究尚处于起步阶段。因此，关注可配置业务流程的配置分析验证及多视角的可配置业务流程建模是非常重要的。

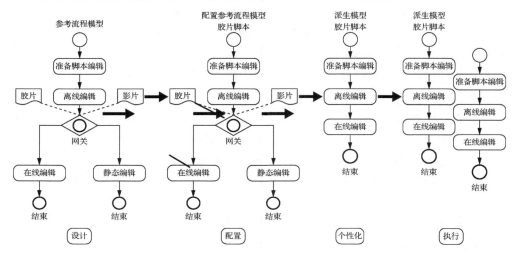

图 1-2　可配置业务流程的生命周期

近年来，基于业务流程可变性配置管理技术的研究在学术界及企业界得到广泛的重视。在 CCF 的 B 类会议列表中，ICSOC、CAISE 和 BPM 等顶级国际会议专门将业务流程的可变性及其配置管理（variability and configuration of process model）作为一个重要的研究课题，以及时总结和交流业务流程可变性配置管理方面的最新研究成果，且 Aalst 指出可配置业务流程是 BPM 研究中的一个重要组成部分[2]。另外，业务流程可变性配置管理技术凝练了企业的成熟经验与知识，为建立流程知识自动化奠定了基础，同时，这也是科技部优先资助重点领域"流程工业知识自动化系统设计方法与应用验证"的一个重要研究方面[18]。

综上所述，业务流程可变性配置管理技术是 BPM 中的一个全新研究领域，因此，进一步研究基于业务流程可变性配置管理的可配置业务流程建模分析与验证技术具有重要的科学意义，但互联网时代大数据环境下的复杂技术要求和制约因素使这一问题的研究面临不小的挑战。

1.2　研　究　现　状

网络式大数据环境下[19,20]的业务流程可变性配置管理研究利用领域知识中的角色、目标、流程及服务 4 个视角进行分析与建模，因此，针对业务流程的可变性配置管理研究与其他研究领域存在诸多关联。接下来，对此方面的研究进行简单阐述并介绍其现状。

1.2.1　业务流程管理

目前，在信息技术领域，业务流程是 BPM 中的一个重要概念[21]。随着企业业务全球化和虚拟化的增长趋势，企业内部或企业之间的业务流程集成、交互和协作变成企业活动的主题。企业内部信息系统的发展，即由以前的 OIS（office information system，办公信息系统）到 WFM 及现在的 BPM[22,23]，印证了这一趋势。业务流程是为达到某一业务目标而实现的活动流，它包括业务活动之间的文档及其信息的传送。BPM 系统是支撑业务流程的建模与设计、配置与运行、分析与管理的软件信息系统[24,25]。WFM 利用工作流（workflow）技术实现从企业业务的解决方案到业务活动 IT 的变迁[2,26]。BPM 是分析、控制和改善业务流程系统化与结构化的方法，其目的是提高企业的效率，从而提升产品和服务的质量。

BPM 可视为 WFM 的扩展[27]，传统 WFM 专注业务流程的自动化，很少引入人的因素和管理支持，而 BPM 有更广的范围：一方面，BPM 的主要目标是尽可能少用新流程技术改善业务流程；另一方面，BPM 经常关注软件的管理、控制和支持操作等流程，即 WFM 最初聚焦的研究内容。

1.2.2　流程感知信息系统

一个流程感知信息系统可定义为一个广泛的软件系统[7]，这个系统的管理和执行涉及流程中最基本的人、应用和信息资源等各方面，因此，PAIS 的基础是流程模型，而流程模型的本质是实现给定目标必须执行的企业性任务之间的逻辑和时序顺序[9]。这些业务之间的时序关系都在 PAIS 中通过明确流程模型的使用给企业带来效益。首先，基于业务的流程模型为企业提供一种管理者和业务分析者之间的通信，这里的业务分析者是指决定业务流程结构和 IT 架构并设计、实现、操作这些技术架构以支持流程的软件开发人员和系统管理人员[28]。其次，如果一个 ES 是通过流程驱动的，则只需要对业务流程的展现或演化的支持加以改变即可。最后，企业明确支持的业务流程允许自动执行，通过自适应方式配置有效资源从而提高业务流程的使用效率，与此同时，也能够通过模拟和监控业务流程设施在不同的层次进行管理支持。

PAIS 是一个典型的基于 4 个阶段的自顶向下的方法，其生命周期如图 1-3 所示。第一个阶段是设计，该阶段针对企业软件系统的范围，设计并分析企业的业务需求及业务流程改善等方面的抽象顶层的业务流程模型，这种模型可以通过业务流程建模工具设计成不同层次的抽象模型。第二个阶段是流程模型的实现，流程模型需要自动选择并精化成能够连接具有不同固定应用和操作实体的操作性流程规约，这个阶段可以通过 WFM 系统达到。第三个阶段是执行，即执行可执行流程规约，在执行阶段，一旦一个流程规约部署在 WFM 上，则这个流程规约的实例就可以被指定事件触发，从而将从属于流程实例的一个或多个任务分配给相关的人或应用程序去执行，直到整个实例执行完成。第四个阶段是诊断，该阶段主要分析操作流程以识别问题并发现需要改善的地方。上述四个阶段中，最后两个阶段使用项目管理工具记录流程相关数据以实时和在线解释。

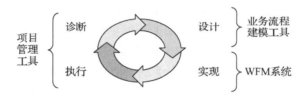

图 1-3　PAIS 生命周期

1.2.3　参考流程模型

由企业联盟驱动的参考模型，在识别公共流程实践及各自独立企业的活动和性能度量中经历了一段很长的时间。例如，美国产业共同商务标准协会（Voluntary Interindustry Commerce Solutions，VICS）[2]阐述处理了各种物流选项的现金订单流程变体。类似地，在企业联盟之外的 SAP 参考模型使用了由 SAP 支持的 ERP 平台周期性流程。

任何一个 BPM 实践者都应该具备使用业务流程建模工具建模新的业务流程的能力。事实上，很多工具供应商都在其产品包中整合了普通参考流程模型，如 ARIS（academic registration information system，学术注册信息系统），但他们并没有提供流程模型部署前的支持，并很少提供指导和工具去帮助分析，也没有根据特定需求和情景去配置这些流程模型。另外，一些有自然语言记录的业务流程建模工具还不能清晰地识别流程何时何地产生变化的问题，或仅关注流程的某个特定方面［如供应链运行参考流程模型（supply-chain operations reference-model，SCOR）］，这些基础问题都是参考流程模型最初设计时未考虑的，因此缺少标准概念和方法去建模参考流程模型，也无法系统化地在 BPM 项目中对参考流程模型进行重用。

要使参考流程模型得到系统化重用和广泛应用，需要在标准化、变化及差异性间取得均衡。首先，要获取流程标准化，只有形成了良好的设计，才能形成对用户及业务参与者统一的接口，才能通过业务改善、资源和 IT 资产创建协同和产生规模经济效应，从而简化流程工作人员的训练，便于他们在交叉业务单元进行重部署。其次，不同业务单元（不同企业）有不同的需求和随时间变化而演化的优先级，且在不同地域操作的交叉业务单元的标准通常会被特定需求阻止，例如，某些地区需要检查信用卡，或不同地区信用卡检查的方法不同，等等。最后，在相关工业里的交叉企业的操作标准通常会跟不同竞争对手产生冲突，即具有差异性，这是可配置框架必须解决的，因此允许流程标准在同一时间进行按需变更。

1.3 业务流程建模语言

业务流程建模是通过一种合适的图标记对业务流程在不同抽象层次的精确表示进行处理，它可以识别出两种类型的流程模型：面向业务的流程模型和工作流模型。面向业务的流程模型是应用于 PAIS 生命周期早期的需求分析顶层模型，这些模型提供了相关方之间互相通信的基础，且它们的语义理解是无歧义的。工作流模型是为流程自动化设计的，它们都是通过精化面向业务流程模型获取的，并被 WFM 支持执行。

1.3.1 EPC

事件驱动过程链（event-driven process chain，EPC）[29]使用三种类型的结点描述业务流程的控制流：功能（functions）、事件（event）和连接器（connector）。功能主要用来表征当流程执行时需要执行的任务，功能的执行取决于前驱事件的出现，因此，一个执行完的功能会引起一个或多个后继事件的出现。如果多个事件前驱或后继一个功能，则这些事件并不是直接与功能相连，而是通过一个连接器实现的，即 EPC 中的第三类结点。连接器的类型明确规定了执行一个功能需要哪个事件或功能，执行后哪个事件被触发。EPC 连接器有 3 种：And、Xor、Or。And 连接器是指后继功能执行时要求所有前驱事件都已触发（如 And-join）或在这个功能完成后所有后继事件都被触发（如 And-split）；Xor 连接器是指要执行一个功能，仅需一个前驱事件的触发（如 Xor-join）或在这个功能完成后只会触发其中一个事件（如 Xor-split）；Or 连接器是指执行或完成某个特定功能需要触发某个特定数目的事件，需要的数目可以随时变化。图 1-4 是一个用 EPC 对业务流程进行建模的例子。

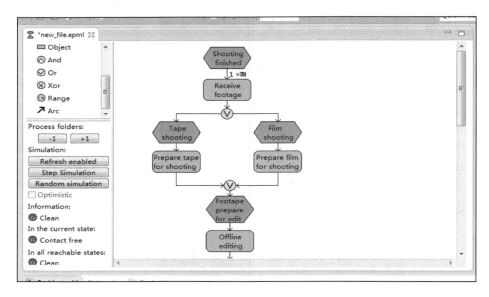

图 1-4　EPC 业务流程建模

1.3.2　BPMN

业务流程建模与标注（business process modeling notation，BPMN）是由业务流程管理倡议组织（business process management initiative，BPMI）开发的一套标准。BPMN 是为了建立业务流程建模的通用标准而开发的。与 EPC 相似，一个 BPMN 流程总是通过一个起始事件触发并结束于一个终止事件。中间事件的流程能够用于触发活动或描述活动的结果。为此，BPMN 区分不同的事件类，如触发事件类等消息及其他信息的结果。与 EPC 不同，BPMN 并不需要任何任务之间事件的描述，相反，事件常用来描述流程流的外部影响，这些任务要么是原子的，要么是组合的。通过业务流程的案例执行行为是由路由网关决定的。与 EPC 连接相似，网关是 Xor-split、And-split、Or-split、Xor-join、Or-join，但要区分基于数据评估的前向案例的 Xor 网关和为决定流程怎样继续而等待出现事件的 Xor 网关。就像通过泳道对泳池进行划分一样，一个流程可能被不同的参与者分离（如角色、组织单元或人），从而使每个参与者都有自己起始和终止事件的流程，不同参与者之间通过消息交换实现各种流程之间的协作。

1.3.3　YAWL

一个经典的业务流程可执行语言的例子是 YAWL（yet another workflow language）。YAWL 是一种以对工作流模式的研究为基础而定义的工作流语言。工作流模式描述的是从执行的工作项次序（控制流）到工作项所操作数据和分配这些工作项给每个参与者及应用执行的各种流程。这些模式的集合指导用于多数流程建模语言的严格评估，这种评估分析得到的结果、可能差异及缺陷都是这种语言的表达方式。

　　YAWL 是通过扩展 Petri 网[30,31]得来的，这种形式化语义允许复杂验证技术的开发，以发现 YAWL 模型在执行部署前的潜在错误。YAWL 模型是由原子和组合工作项（即任务，与 Petri 网中的变迁相似）、条件（精确表示状态的概念）组成的层次化结构。分支和合并都有三种路由网关类型，即 Or、Xor 和 And，分别定义为任务的输出和输入。多重实例任务和取消区域任务完成 YAWL 的工作流语义，并用于建模高级控制流特征。

　　YAWL 可捕获数据流的全局变量，这些变量能够映射到任务的输入中并作为工作项的参数。在运行时，一个工作项能够被外部应用（原子任务）或通过 Web 形式（手动工作）所消耗，产生的数据被收集并存储在任务的输出变量中，然后映射到全局变量。业务流程设计者可以定义和设计分配策略，将业务流程中的工作项以基于资源的原则进行指派。这里的资源主要是指角色、性能和从操作模型中抽取出来的组织。

　　与 Petri 网相比，YAWL 有很多的扩充和语义。一个 YAWL 工作流规约由扩展工作流网（extended workflow-net，EWF-net）组成，EWF-net 由条件组成，条件可由 Petri 网中的库所和任务来解释，它们通过弧连接起来用来描述流程的流向。EWF-net 可形成层次结构，这种层次结构可将 EWF-net 中的某些任务映射到其他工作流规约的 EWF-net 中。这些映射任务称为组合任务，未映射的任务称为原子任务。图 1-5 是一个旅游预订流程的 YAWL 模型。每个 EWF-net 都有一个确定的输入条件和一个确定的输出条件。这里的控制流是由托肯在任务和条件之间的流动决定的。And-join、Or-join、Xor-join 与 And-split、Or-split、Xor-split 一样，在每个任务的前后决定控制流的行为。

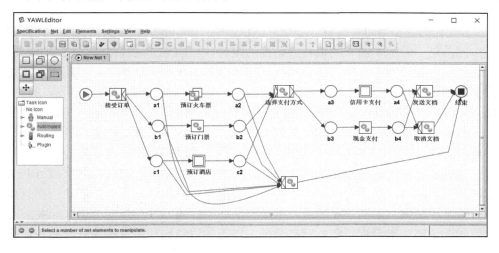

图 1-5　旅游预订流程的 YAWL 模型

YAWL 可以完成自己的形式化语义，它能够通过创建、执行或完成个性化实例中的活动任务来执行不同类型的任务。YAWL 语义的形式化由文献[12]定义，定义考虑任务子状态中 YAWL 工作流规约的状态空间。Gottschalk[11]和 Rosemann[16]也描述了状态之间可能改变的迁移关系。将导致特定状态改变的各种属性的标签指派给每个变迁、变迁关系和状态空间时，这些标签都是来自轻量级分布式任务调度框架（light-task-scheduler，LTS）的。

1.3.4　BPEL

BPEL（business process execution language，业务流程执行语言）是从很多工业实践中获取的，现在已经成为 Web 服务组合和编排的标准，也是结构化信息标准促进组织（Organization for the Advancement of Structured Information Standards，OASIS）的标准，其本质是为构建 Web 服务实现而扩展的命令式程序语言。由于流程是通过 WSDL（web services description language，网络服务描述语言）接口和伙伴连接实现的，因此 BPEL 语言在 WSDL 的顶层。从流程的角度看，一个客户（由流程触发）和它的伙伴之间没有差别。

流程与发送、接收和创建流程消息原语言的基本活动的原子结构相关联。组合活动通过顺序、并行和条件路由（如循环）决定流程的结构。流程也可规约为外部代理，如时间戳或一个消息的接收。另外，流程中特殊活动对异常处理和恢复也是有效的。

BPEL 语言通常应用在设计抽象流程和可执行流程中。抽象流程也称为行为接口，是一种能够提供服务与其他伙伴进行消息交换的消息流的规约，在抽象流程中，与其他参与者无关的隐私信息会被隐藏。可执行流程也称为编排模型，提供用于应用引擎中相互解释和执行信息的流程定义。

BPEL 语言是用可扩展标记语言（extensible markup language，XML）定义的工作流，是一种基于图和类似程序结构的混合体。BPEL 是块结构，它将组织区分成子块控制流的 6 类结构活动和执行需求任务的 3 个原语活动。子块控制流允许子块并行执行，而分支用于子块之间的 Xor 选择（switch）。初始原语活动调用（invoke）一个连接操作，如 Web 服务或另外一个工作流，并等待它们的响应。原语（receive）是等待前面 invoke 的调用原语。提供这个请求的结果原语（reply）是原语活动。为了增加序列块结构，BPEL 允许表达通过控制链连接的活动之间的控制关系。控制链可建立从一个活动到另外一个活动的控制流，或打破 BPEL 的块结构，因此，当一个活动完成时不仅要根据块结构触发下一个活动，而且要激活输出控制链。如图 1-6 所示，以旅游预订流程的 BPEL 规约为例，相关规约的控制链活动（指流程扭转）只在通过工作流的块结构和所有输入链都被激活的情况下才能被执行。

```
<!-- CaculatorBpel BPEL Process [Generated by the Eclipse BPEL Designer] -->
<bpel:process name="BookHotel"
        targetNamespace=http://caculator.sample.bpel.com/client/
        suppressJoinFailure="yes"
        xmlns:tns=http://caculator.sample.bpel.com/client/
        xmlns:bpel="http://docs.oasis-open.org/wsbpel/2.0/process/executable"
        xmlns:ns1="http://add.caculator.sample.bpel.com/" xmlns:ns2="http://sub.caculator.sample.bpel.com/">
<!-- Import the client WSDL -->
    <bpel:import namespace="http://sub.caculator.sample.bpel.com/" location="SubstractService.wsdl"
importType="http://schemas.xmlsoap.org/wsdl/"></bpel:import>
    <bpel:import namespace="http://add.caculator.sample.bpel.com/" location="AddService.wsdl"
importType="http://schemas.xmlsoap.org/wsdl/"></bpel:import>
    <bpel:import location="CaculatorBpelArtifacts.wsdl" namespace="http://caculator.sample.bpel.com/client/"
        importType="http://schemas.xmlsoap.org/wsdl/" />
    <!-- ================================================================= -->
    <!-- PARTNERLINKS                                                      -->
    <!-- List of services participating in this BPEL process               -->
    <!-- ================================================================= -->
<bpel:partnerLinks>
    <!-- The 'client' role represents the requester of this service. -->
    <bpel:partnerLink name="client"
                partnerLinkType="tns:BookHotel"
                myRole="CaculatorBpelProvider"
    <bpel:partnerLink name="AddLink" partnerLinkType="ns1:AddLink" partnerRole="AddProvider"></bpel:partnerLink>
    <bpel:partnerLink name="SubLink" partnerLinkType="ns2:SubstractLink" partnerRole="SubstractProvider"></bpel:partnerLink>
</bpel:partnerLinks>
```

图 1-6 旅游预订流程的 BPEL 规约

另外，可以将 BPEL 转换成 Petri 网。

1.4 业务流程可变性管理

当前，大多数建模工具都未能提供参考模型中流程变体的精确支持，必须通过离散业务流程或使用条件分支的业务流程模型进行预设。然而，这些方法会导致模型冗余，进而增加对业务流程的维护工作，最终导致流程耗时易错。因此，提出准确描述捕获参考模型中可变性的建模方法是非常必要的，如用压缩、可重用和持续的方式表示相关业务流程变体的家族。特别是应用这种方法建模后的业务流程模型能够很容易通过配置得到满足给定应用环境需求的最佳个性化业务流程。通过这种方式，实践经验和流程知识都能很好地得到重用，从而能够满足企业适应个性化业务流程的柔性要求。

业务流程中可变性建模的方法如下。

1）基于行为的方法（行为继承理论）[32]，它是通过捕获参考模型中的所有业务流程变体的行为而建模的方法。这种方法是将多个业务流程变体合并成一个能够捕获所有业务流程变体的共性和可变性的可配置业务流程模型，这个模型是一种着重研究涵盖所有业务流程变体的所有行为的可定制流程模型[6,10,13]。可定制性是通过对可定制业务流程模型进行行为约束而达到的，如某个活动在定制时被跳过或阻隔。这种设置被认为是所有业务流程变体的最小公共集（lowest common multiple，LCM），这种可定制业务流程模型被认为是可配置业务流程模型。在这样一个模型中，可变点是由可配置的结点或边表示的，通过配置这些可变点，参考流程模型的行为能够在给定情景下进行定制。

2）结构化方法，它是通过调整可配置业务流程模型的结构（如增加、移除或改变业务流程行为）而建模的方法，即对业务流程模型进行定制。可定制业务流程模型并不包含所有可能的业务流程行为，而只表示大多数公共行为或大多数业务流程变体的行为。在定制时，业务流程的行为需要进行扩展才能服务特定的应用场景。例如，向一个业务流程模型中插入一个新的活动，以创建一个专用的业务流程变体，这种设置被认为是所有业务流程变体的最大公共指派集（greatest common divisor，GCD）[33-37]。可定制业务流程模型要与参考模型进行区分，参考模型在其结构中不支持定制性，而可定制业务流程模型重在讨论对业务流程的可定制性的支持。

上述两种方法对最合适变体的选择称为配置，每个配置都必须有选择使用哪个结点的选项，配置后的模型通常是通过删除那些不需要的部分来转化成可执行的模型，这一步称为个性化。

可配置业务流程模型的配置和个性化都是在设计阶段完成的。因此，设计阶段分为两个子阶段：一是整个业务流程模型家族的设计阶段（可配置业务流程模型和它的配置选项）；二是对特定业务流程变体配置的个性化阶段，该阶段的实现需要高级的配置技术，如问卷调查模型[38]、特征图[39]和基于情景的方法等。

1.5 软件可变性管理

可变性管理被广泛应用于软件产品线工程中。软件产品线（或软件家族）[33-35,40]是指从一个共享的软件资产集合中创建一个相似软件系统集的工程技术，主要通过节省时间、劳力、成本及减轻软件创建的复杂性以及维护产品形成的公共方式达到。软件产品线可以用 4 个概念进行描述，如图 1-7 所示。

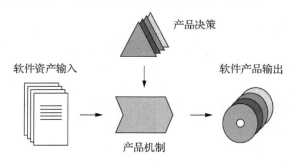

图 1-7 软件产品线的 4 个基本概念

软件资产输入：可选和可配置软件资产库，用于创建一个产品线的所有软件产品。

产品决策：软件产品线中产品的可选和可变需求集。

产品机制：使用产品决策从软件资产输入中装配和配置产品的方法。

软件产品输出：产品线中所有资产的集合，输出也决定这个产品线的范围。

在软件产品线工程（software product lines engineering，SPLE）中有两种主流研究：软件配置管理和特征图。

1.5.1　软件配置管理

软件配置管理（software configuration management，SCM）[29,41-47]是一个控制和管理软件开发项目的方法。对 SCM 所做的工作会影响如何从软件组件集中捕获有效配置来构建软件系统的建模和语言。

Adele 配置管理属于 SCM。Adele 支持组合软件家族产品间的依赖性定义，如接口之间的互斥、异或及合并依赖等。这些依赖是通过使用对象的属性定义进行一阶逻辑语言表达的，这里的对象是指一个软件产品。在 Adele 中构建的配置是满足所有约束对象聚集的选择。

类似地，在点云库（point cloud library，PCL）中，软件实体标注为信息属性和可变控制属性。信息属性提供一个实体静态信息，如共性，而可变控制属性捕获结构和构建实体过程中的可变性。可变性决定在构建一个实体的变体时哪些动作需要执行。例如，在 PCL 中，一个能够捕获的子系统接口是可选的，或子系统映射到依赖可变性值的不同程序文档集中。

另外一个例子是通用软件度量国际联盟（Common Software Measurement International Consortium，CoSMIC）配置中间件。一个 CoSMIC 的关键组件是建模语言的可选配置，在配置时使用允许开发者捕获影响中间件服务方式的高层选项。选项与 PCL 中的可变控制属性相似，但操作概念建模语言（operational conceptual modeling language，OCML）允许在群组定义个性化选项约束，与 Adele 类似，OCML 中的约束表示为一阶逻辑语言。

1.5.2　特征图

特征图是一种根据软件系统特征描述软件产品线产品家族的技术。自从特征图（feature diagrams，FDs）被首次作为面向特征的领域分析方法（feature-oriented domain analysis method，FODA）中的一部分提出后，就出现了一系列特征建模语言。

一个特征模型组合了一个或多个特征图，这些特征图都用子特征的中高层特征组合的树结构层次表示。一个特征模型表示与涉众相关的系统属性，并用于捕获共性或区分家族中的系统。一个特征模型包括一个特征集，在特征模型中约束某些特征对于特定的软件系统是必选或可选的，从而通过这些约束与其他特征紧密关联。

约束可以表示为文本或特征值上任意命题的逻辑表达式，有相应的语法规格。相似特征的子特征之间的约束能够图形化，并表示成一个特征所拥有的一系列子特征的模型约束，其中的关联包括 And（所有子特征必选）、Xor（只选择一个子特征）和 Or（选择一个或多个子特征）。Or 关联可规约为一个 $n:m$ 的势，其中，n 表示允许子特征中的最少特征数，m 表示允许子特征中的最多特征数。

图 1-8 所示的是一个电影后期制作的特征图，是一个与剪辑、类型编辑、转换和完成相关的可选特征集。特征集中有些特征识别为必选，有些是可选，如特征"Transfer"和它的子特征"Telecine"与"DFM"（design for manufacturability，可制造性设计）是可选的，它们依赖于"Editing"和"Finish"的子特征通过某种合适的约束来选择。

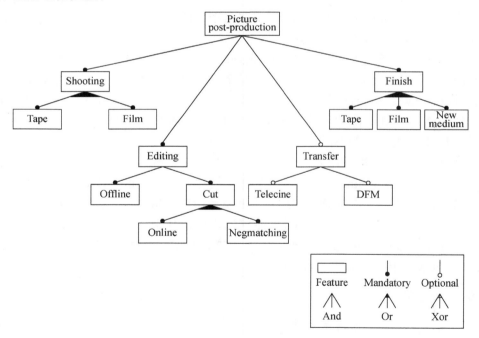

图 1-8　电影后期制作特征图

一个配置根据特征的规约决定是否选择一个有效的场景或方案，这些方案遵从特征之间的约束。图 1-9 描述的是图 1-8 配置后的项目特征图，这个项目是胶片剪辑、在线编辑和电影传送。

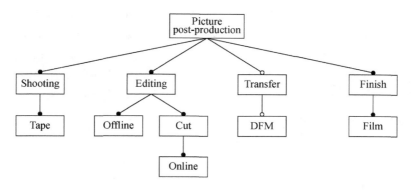

图 1-9 图 1-8 配置后的项目特征图

1.6 形式化流程定义语言

基本上，一个业务流程模型描述了一个业务流程执行过程中所出现的行为之间的变化，也即它描述了哪个业务流程可以执行、何时能够执行，以及执行后可能产生的结果。形式化流程定义语言可描述流程执行所有状态时是如何改变各种不同流程方式的。人们用标签迁移系统（labeled transition system，LTS）[10]来形式化描述流程状态的所有变化。LTS 是一个图形化概念，它对每个结点以一个直接后继的方式描述流程某个瞬时的改变，同时也描述流程的每个状态。人们将 Petri 网的变体称为工作流网，工作流网不仅精确描述每个流程的状态，而且描述状态的属性及属性之间的改变。因此，需提供工作流网的语义并应用它们定义工作流描述的健壮行为和判断哪个行为是不健壮的。

1.6.1 标签迁移系统

LTS 的图形式化概念提供一种最简单、直接的方式来描述一个业务流程的行为。下面以简单旅游预订申请流程模型为例来做说明。这个流程从一个公司职员需要订一个旅游业务开始，在 LTS 中，它可以记录一个旅游请求或直接自己预订这个旅游，如果它只是记录一个旅游请求，那么管理员可以拒绝或是同意这个旅游的预订。针对第一种情况，则是放弃或是重新记录归档，然后再次评估。在旅游已经预订的情形下，预订者在流程完成之前需要付费，如图 1-10 所示。

在一个 LTS 图里，结点（如"trip booked"）表示状态，状态表示一个业务流程执行中某个瞬间的快照，边表示从一个状态到另一个状态的改变，变迁标记（如"refuse trip"）用于描述状态改变的原因。因此，在一个业务流程的执行过程中，实际任务的执行是由一个或多个变迁表示的，它依赖于这个任务的执行所带来的输出结果。如果从一个状态出发有多个变迁产生，则它们之间以某种选择方式继续流程的执行。用 τ 标记一个哑变迁，哑变迁是一个特定的变迁，是将一个变迁转换成另外一个不改变当前状态且属性可见的变迁。这意味着，状态的改变并不是由具体任务的执行引起的。例如，在"request refused"中的变迁"re-file travel request"仍然能够执行，而在"request processed"中的变迁不再执行。因此，尽管 τ 变迁并不可见，但流程仍可继续执行。

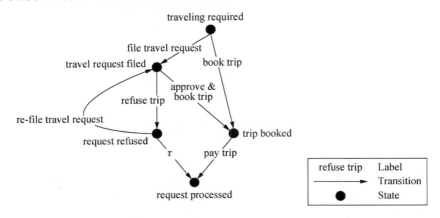

图 1-10 LTS 的简单旅游预订申请流程模型

当形式化定义 LTS 时，要进一步区分初始状态集的概念，初始状态集描述触发流程开始执行的一些状态，同样，终止状态集描述流程成功终止的一些状态。因此，若一个流程在某个状态死锁，它就不能再通过任何其他变迁继续执行，当这个状态不是终止状态时，此流程的执行会被视为不成功，即流程的执行未达到终止状态。

定义 1-1 LTS 是一个五元组 $\mathrm{LTS} = (S, L, T, S_I, S_F)$，其中，

1）S 是状态集；

2）L 是变迁标签集；

3）$\tau \in L$ 是哑变迁的标签；

4）$T \subseteq S \times L \times S$ 是变迁集；

5）$S_I \subseteq S$ 是初始状态集；

6）$S_F \subseteq S$ 是终止状态集。

LTS 提供了一种直接描述简单业务流程的方法。LTS 也有一个缺陷，就是流程中的每一个状态在图中都需要一个独立的结点来表示，如流程的属性组合，这使得以可读的方式来描述大规模状态空间的流程变得非常困难。因此，需要更好的方法来解决这些问题。

1.6.2　工作流网

Petri 网允许压缩表示更多流程。Petri 网是区分两类结点的图：用圆描述的库所和用方框描述的变迁。与代表整个状态的 LTS 相比，Petri 网中的库所仅表示这个流程的一个属性，即 Petri 网仅表示每个属性需要一个库所，并不表示属性的组合。一个状态的改变可能会暗示更换相关属性，因此，在 Petri 网中，从一个状态到另一个状态的变迁并不能像 LTS 中的简单边一样被描述。相反，Petri 网中的变迁通过第二个结点类型表示流程属性的改变，描述在执行一个状态改变的变迁前哪些属性必须保持，以及执行后有哪些属性保持。弧是库所到变迁和变迁到库所的连接。对于 LTS，我们使用变迁标签标记属性的改变，使用特殊标签 τ 表示不由任何具体任务执行引起的属性改变。

定义 1-2　一个 Petri 网[31]是一个五元组 $PN = (P, T, A, L, l)$，其中，

1) P 是有限库所集；

2) L 是变迁标签集；

3) $\tau \in L$ 是哑变迁的标签；

4) T 是有限变迁集（ $P \cap T = \varnothing$ ）；

5) $l: T \to L$ 给变迁指派标签函数；

6) $A \subseteq (P \times T) \cup (T \times P)$ 是弧集。

Petri 网由结点集 $P \cup T$ 和边集 A 组成。

业务流程在执行时是随着时间改变进行的，每一次执行都是一个特定案例。在实际业务流程中，每个案例的执行都有唯一独特的标识符以示与其他案例的区别，称为流程的一个实例。每一个流程实例从开始到结束都有唯一一个起点和终点。为了用 Petri 网处理流程实例，我们需要知道如何在 Petri 网中定义起点和终点。为达到此目的，需要 Petri 网有一个独特的源库所表示起点或流程的输入，以及一个独特的漏库所表示流程的完成，即它的输出，且 Petri 网中的所有变迁和其他库所必须在源库所和漏库所之间的有向弧上。另外，由于不在一条路径上的用库所或变迁表示的属性不能从流程的开始可达，也就是说表示流程执行完成信号的库所不会从这些库所或变迁可达，因此，这些属性对完成流程无益。

将表示业务流程并满足相应条件的 Petri 网称为工作流网，定义如下。

定义 1-3　设 $PN = (P, T, A, L, l)$ 是一个 Petri 网，PN 是一个工作流网，当且仅当

1) 存在一个且仅有一个结点 $p_I \in P$ 使 ${}^{\bullet}p_I = \varnothing$ ；

2) 存在一个且仅有一个结点 $p_O \in P$ 使 $p_O{}^{\bullet} = \varnothing$ ；

3) 对所有的 $n \in P \cup T$ ， $\langle p_I, \cdots, n \rangle \in A^*$ 且 $\langle n, \cdots, p_O \rangle \in A^*$ 。

为明确描述流程状态，Petri 网库所可以用托肯标记表示所保持的相关属性，且 Petri 网中所有库所能够用多重托肯来描述多重时间里保持的属性。例如，如果

一个库所有用，表明有备份在里面，并且后续任务需要为进一步处理进行多重备份。$^{\bullet}p_I$ 表示 p_I 的前驱集，$p_I^{\bullet}$ 表示 p_I 的后继集，$^{\bullet}p_O$ 表示 p_O 的前驱，$p_O^{\bullet}$ 表示 p_O 的后继，下同。

库所的标识表示当前状态下的变迁使能的条件。这个变迁的使能取决于其前驱库所托肯的标识。只有当它的每个前驱库所都有一个托肯时，这个变迁才会执行（或在 Petri 网中称为点火）。

当一个变迁点火时，Petri 网中的标识就会随之发生改变，每个前驱库所会移除一个托肯，并在每个后继库所里增加一个托肯。

定义 1-4　设 $PN = (P,T,A,L,l)$ 是一个 Petri 网标识，使能规则、点火规则定义如下：

1）$M :\to IN$ 是 PN 的一个标识，$M(PN)$ 是 PN 的所有标识集合；

2）$M(p)$ 是库所 $p(p \in P)$ 中的托肯数量；

3）对任何两个标识 $M, M' \in M(PN), M \geqslant M'$，当且仅当 $\forall_{p \in P}$，$M(p) \geqslant M'(p)$；

4）对任意变迁 $t \in T$ 和任何标识 $M \in M(PN)$，t 在标识 M 使能，记为 $M[t >$，当且仅当 $\forall_{p \in ^{\bullet}t}$，$M(p) \geqslant 1$，标识 M' 是通过 t 的点火从 M 可达的，且 $M' = M - ^{\bullet}t + t^{\bullet}$；

5）对任意两个标识 $M, M' \in M(PN)$，M' 是从 PN 中的标识 M 可达的，记为 $M' \in PN[M >$，当且仅当存在一个从 M 到 M' 的点火序列 $\sigma = \langle t_1, t_2, \cdots, t_n \rangle$，记为 $M \xrightarrow{\sigma}_{PN} M'$；如果 $\sigma = \langle t \rangle$，则有 $M \xrightarrow{t}_{PN} M'$；$\varPhi_{PN} = \{\sigma \mid M \xrightarrow{\sigma}_{PN} M' \wedge M$，$M' \in M(PN)\}$ 表示所有序列的集合。

以这种方式模拟流程的执行，需要工作流网，即以 p_I 为初始的源库所，以 p_O 为漏库所，源库所带一个托肯。

定义 1-5　设 $WF = (P,T,A,L,l)$ 是一个工作流网，则

1）M_I 是 p_I 中有一个托肯的 WF 的初始标识，即 $M_I(p_I) = 1$ 且 $\forall p \in P \setminus p_I$：$M_I(p) = 0$；

2）M_O 是 p_O 中有一个托肯的 WF 的终止标识，即 $M_O(p_O) = 1$ 且 $\forall p \in P \setminus p_O$：$M_O(p) = 0$。

每一个业务流程案例一旦开始执行后，最终都会执行完成，即漏库所 p_O 有一个托肯为案例终止标记。因此，从初始标识 M_I 可达的任何标识都必须能够到达终止标识 M_O。如果一个工作流满足这个需求，则会保证流程执行时绝不会进入死锁，即不存在漏库所中无托肯标记而流程中没有后继执行行为的可能，同时，也保证了在网中无活锁。这意味着，流程不会包含这样一个状态：从此状态可以继续点火变迁，但从此状态绝对不会达到终止状态。在工作流网定义中，需要每

个变迁都是完成流程的行为，因此要求每个变迁都应在源库所和漏库所之间，即一次变迁就是流程中的一次执行，就会最少存在一条包含这个变迁至少点火一次的从初始标识到终止标识的执行序列。如果工作流网满足这些需求，则是健壮的。

定义 1-6 设 WF $= (P,T,A,L,I)$ 是一个工作流网，且 M_I 和 M_O 是它的初始标识和终止标识，则 WF 是健壮的，当且仅当

1）能够结束（option to complete）：对每个从初始标识 M_I 可达的任何标识 M，存在一个从 M 到 M_O 的点火序列，即 $\forall_{M \in \mathrm{WF}[M_I>}M_O \in \mathrm{WF}[M >$；

2）合适结束（proper completion）：从源库所 p_O 仅带有一个托肯的标识 M_I 可达的终止标识 M_O 有且仅有一个，即 $\forall_{M \in \mathrm{WF}[M_I>}M \geqslant M_O \Rightarrow M = M_O$；

3）无死变迁（no dead transitions）：每个变迁都能从初始标识可达，即 $\forall_{t \in T}\exists_{M \in \mathrm{WF}[M_I>}M[t >$。

1.6.3 着色 Petri 网

着色 Petri 网（colored petri net，CPN）[48]是一种构建并发系统并分析其属性的图形化语言，它是通过组合具有高层编程语言能力的基本 Petri 网而形成的，Petri 网提供图形化建模的基本概念和并发建模的基础原语。CPN ML 是基于函数式编程语言标准 ML 的编程语言，它提供了定义描述数据操作的数据类型，并提供了创建压缩和参数化模型的能力，应用非常广泛，如业务流程和工作流、集成制造系统和代理系统等。本节给出其基本的概念。

多重集（multiple sets，MS）：相同元素在并发时间出现的次数，元素出现的次数为其系数。

定义 1-7 设 $S = \{s_1, s_2, s_3, \cdots\}$ 是一个非空集。在 S 上的多重集是一个函数 $m: S \to N$ 将每个元素 $s \in S$ 映射到非负整数 $m(s) \in N$，即元素的系数。一个多重集 m 标记为 $^{++}\sum\limits_{s \in S} m(s)'s = m(s_1)'s_1 + +m(s_2)'s_2 + +m(s_3)'s_3 + +\cdots$，则

1）$\forall s \in S: s \in m \Leftrightarrow m(s) > 0$（成员）；

2）$\forall s \in S: (m_1 + +m_2)(s) = m_1(s) + m_2(s)$；

3）$\forall s \in S: (n **m)(s) = n * m(s)$；

4）$m_1 <<= m_2 \Leftrightarrow \forall s \in S: m_1(S) \leqslant m_2(S)$；

5）$|m| = \sum\limits_{s \in S} m(s)$；

6）$\forall s \in S: (m_2 --m_1)(s) = m_2(s) - m_1(s)$。

S 上所有的多重集记为 S_{MS}，其空集为 $\varnothing_{\mathrm{MS}}$，即每个元素的系数为 0。

定义 1-8 一个 CPN 是一个九元组 CPN $= (P,T,A,\sum,V,C,G,E,I)$，这里，

1）P, T, A 分别为库所集、变迁集和有向弧集；

2）$\sum$ 为颜色集；

3）V 为类型变量集；

4）$C:P \to \sum$ 为库所到颜色集的映射；

5）$G:T \to \mathrm{EXPR}_v$ 为给每个变迁指派一个布尔护卫表达式，$\mathrm{Type}[G(t)] = \mathrm{Bool}$；

6）$E:A \to \mathrm{EXPR}_v$ 为给每个有向弧指派一个弧表达式；

7）$I:P \to \mathrm{EXPR}_\varnothing$ 为初始函数，为每个库所指派一个初始表达式。

定义 1-9　设 CN 是一个 CPN，则

1）标识：为托肯的多重集映射到每个库所 $M(p) \in C(p)_{\mathrm{MS}}$，这里 $p \in P$；

2）初始标识：$M_0(p) = I(p)$，$\forall p \in P$；

3）变迁的变量：$\mathrm{Var}(t) \subseteq V$；

4）变迁的绑定：对某个变迁中的每个变量 v（$v \in \mathrm{Var}(t)$）指派一个值 $b(v)$（$b(v) \in \mathrm{Type}[v]$），变迁所有变量的绑定记为 $B(t)$；

5）绑定元素：是一个匹配对 $(t,b), t \in T, b \in B(t)$，变迁 t 的所有绑定元素标记为 $BE(t) = \{(t,b) \,|\, b \in B(t)\}$，模型中所有变迁的绑定集合为 BE；

6）步：$Y \in BE_{\mathrm{MS}}$。

定义 1-10　一个绑定元素 $(t,b) \in BE$ 在标识 M 使能，当且仅当

1）$G(t)\langle b \rangle$；

2）$\forall p \in P : E(p,t)\langle b \rangle <<= M(p)$；

3）当 $(t,b) \in BE$ 出现时，后继标识 M' 由下式决定：

$$M'(p) = (M(p) - -E(p,t)\langle b \rangle) + +E(t,p)\langle b \rangle，\quad p \in P \qquad (1\text{-}1)$$

条件 1）表示在绑定 b 中变迁 t 的护卫表达式为真；条件 2）表示变迁 t 中的每个输入库所（$\forall p \in P$）中的托肯满足触发变迁 t；条件 3）表示变迁 t 使能后标识 M' 中的托肯分布。

定义 1-11　一个步 $Y \in BE_{\mathrm{MS}}$ 在标识 M 使能，当且仅当

1）$\forall (t,b) \in Y : G(t)\langle b \rangle$；

2）$\forall p \in P : \overset{++}{\underset{\mathrm{MS}\,(t,b) \in Y}{\sum}} E(p,t)\langle b \rangle <<= M(p)$；

3）当 Y 在 M 中触发，下一个标识 M' 由下式决定：

$$M'(p) = (M(p) - -\overset{++}{\underset{\mathrm{MS}\,(t,b) \in Y}{\sum}} E(p,t)\langle b \rangle) + +\overset{++}{\underset{\mathrm{MS}\,(t,b) \in Y}{\sum}} E(t,p)\langle b \rangle，\quad p \in P \quad (1\text{-}2)$$

当一个步 Y 在标识 M_1 中触发时，由定义 1-11 可知，会产生一个新的标识 M_2，认为标识 M_2 是由步 Y 从标识 M_1 直接可达的，记为 $M_1 \overset{Y}{\longrightarrow} M_2$，即 $M_1[Y > M_2$。当 CPN 模型执行时，CPN 模型的行为能够通过步的序列表示，这种步的序列称为轨迹。

1.7　约束属性的时序逻辑

1.7.1　线性时序逻辑的语法及语义

1. 线性时序逻辑的语法

线性时序逻辑（linear temporal logic，LTL）公式的定义如下。

定义 1-12　LTL 的语法。令 p 为原子命题，LTL 的公式满足如下规则：

1）p 是公式；

2）如果 Φ 是公式，那么 $\neg\Phi$ 也是公式；

3）如果 Φ 和 Ψ 是公式，那么 $\Phi\vee\Psi$ 也是公式；

4）如果 Φ 是公式，那么 $\mathrm{X}\Phi$ 也是公式；

5）如果 Φ 和 Ψ 是公式，那么 $\Phi\mathrm{U}\Psi$ 也是公式；

6）没有其他形式的公式。

LTL 是命题逻辑增加了时序算子 X（neXt）和 U（until）的扩展。这两个算子的解释如下：公式 $\mathrm{X}\Phi$ 现在成立，当且仅当 Φ 在下一个时刻成立；公式 $\Phi\mathrm{U}\Psi$ 现在成立，当且仅当 Ψ 在将来的某一时刻成立，且将来的那一时刻前 Φ 一直成立。

算子的优先级如下：一元算子强于二元算子，$\neg$ 与 X 处于同一个优先级，U 优先于 $\vee$、$\wedge$ 和 $\Rightarrow$。在适当的情况下括号被省略，例如，$\neg\Phi\mathrm{U}\mathrm{X}\Psi$ 代表 $(\neg\Phi)\mathrm{U}(\mathrm{X}\Psi)$ 算子 U 是右结合的，$p\mathrm{U}q\mathrm{U}r$ 代表 $P\mathrm{U}(q\mathrm{U}r)$。

例 1-1　令 AP$=\{x=1,\ x<2,\ x\geqslant3\}$ 是一个原子命题集。在 AP 上的命题线性时序逻辑（propositional linear temporal logic，PLTL）公式可以是 $\mathrm{X}\{x=1\}$，$\neg(x<2)$，$x<2\vee x=1$，$(x<2)\mathrm{U}(x\geqslant3)$。第 2 和第 3 个公式就是一般的命题公式。有多个时序算子的 PLTL 公式是 $\mathrm{X}((x<2)\mathrm{U}\mathrm{X}(x\geqslant3))$。

2. 线性时序逻辑的语义

（1）Kripke 结构

上面的定义提供了一种构造 LTL 公式的方法，但并没有给出这些算子的解释。时序逻辑公式的正式意义是通过 Kripke 结构的概念来完成的。

定义 1-13（Kripke 结构）　对一个 Kripke 结构，K 是一个异构四维组（S, I, R, Label），这里，

1）S 是一个可数状态集；

2）$I\subseteq S$ 是一个初始状态集；

3）$R\subseteq S\times S$ 是一个过渡关系；

4）Label：$S \rightarrow 2^{AP}$ 是一个 S 上的解释函数。

过渡关系 R 分配任意状态的后继状态集合，$R(s)=\{s' \mid (s,s') \in R\}$，这里 $R(s)$ 不能为空。每一个状态至少有一个后继状态，即没有无后继状态的状态。换句话说，R 是一个完全关系。

注意：一个状态可能没有前驱状态，即 $R^{-1}(s) = \{s' \mid (s',s) \in R\}$ 可能为空，且一个初始状态是不需要前驱状态的。

例 1-2 下面的 Kripke 结构模型是一个三模块冗余系统。

一个容错计算机系统由 3 个进程和 1 个（重要的）投票者 4 个组件组成。每个进程产生一个结果，投票者通过简单多数原则确定正确值。该系统中的每个组件都有可能损坏，但损坏后都可以进行修理。最初，系统中所有组件的功能都是正常的，且要求在系统运行过程中某个时刻只能有一个组件需要修理。现假设如果投票者失败，那么整个系统失败，对系统进行修理后，假设修理后的系统"和新的一样好"，考虑原子命题集合 AP=$\{up_i \mid 0 \leq i < 4\} \bigcup \{down\}$，则 Kripke 结构的组成如下：

1）$S = \{s_{i,1} \mid 0 \leq i < 4\} \bigcup \{s_{0,0}\}$；

2）$I = \{s_{3,1}\}$；

3）$R = \{(s_{i,1}, s_{0,0}) \mid 0 \leq i < 4\} \bigcup \{(s_{0,0}, s_{3,1})\}$
   $\bigcup \{(s_{i,1}, s_{i,0}) \mid 0 \leq i < 4\} \bigcup \{(s_{i,1}, s_{i+1}) \mid 0 \leq i < 3\}$
   $\bigcup \{(s_{i+1,1}, s_{i,1}) \mid 0 \leq i < 3\}$；

4）Label($s_{0,0}$)=$\{down\}$，Label($s_{i,1}$)=$\{up_i\}$，$0 \leq i < 4$。

状态 $s_{i,j}$ 表示 $i(0 \leq i < 4)$ 个进程与 $j(0 \leq j < 2)$ 个投票者在工作。

因为 Kripke 结构的每个状态都需要一个后继状态，对一个有死锁状态（即没有进一步状态）的系统来说，其状态可以被模型化表示，即增加一个有区别的状态，它等价于过渡到一个新的状态。

定义 1-14（路径） Kripke 结构 K 的路径是一个无限序列 $s_0 s_1 s_2 \cdots$ 对所有 $i \geq 0$，满足 $(s_i, s_{i+1}) \in R$。

若一个路径是一个无限顺序状态集，并且前后两个状态之间存在过渡关系。对路径 $\sigma = s_0 s_1 s_2 \cdots$ 和整数 i，我们用 $\sigma[i]$ 表示 σ 的第 $i+1$ 个状态，即 $\sigma[i]=s_i$；用 σ^i 表示 σ 移走前 i 个状态后的路径，即 $\sigma_i = s_i s_{i+1} s_{i+2} \cdots$

注意：$\sigma^i[j]=\sigma[i+j]$；在实际应用上，$\sigma^0 = \sigma$。对一些有某种规律的路径，如 $\sigma = s_0 s_0 s_0 \cdots$ 或 $\hat{\sigma} = s_0 s_1 s_0 s_1 \cdots$ 更加简明的表示是 $\sigma = (s_0)^w$ 和 $\sigma = (s_0 s_1)^w$。以状态 s 开始的路径的集合记为 Paths(s)，即 Paths(s)=$\{\sigma \in S^w \mid \sigma[0]=s\}$。

（2）LTL 的语义

逻辑公式的意义是通过 PLTL 公式 Φ 与路径 σ 之间满足的关系（记为|=）来定义的。这个概念是 σ|=Φ，当且仅当 Φ 对 σ 是合法的。

定义 1-15（LTL 的语义）　　令 $p \in$ AP 是一个原子公式，σ 是一个路径，Φ 与 Ψ 是 PLTL 公式。满足关系|=，定义如下：

1）$\sigma |= p$，当且仅当 $p \in$ Label($\sigma[0]$)；

2）$\sigma |= \neg \Phi$，当且仅当非($\sigma |= \Phi$)；

3）$\sigma |= \Phi \vee \Psi$，当且仅当($\sigma |= \Phi$)或($\sigma |= \Psi$)；

4）$\sigma |= X\Phi$，当且仅当 $\sigma^1 |= \Phi$；

5）$\sigma |= \Phi U \Psi$，当且仅当 $\exists j \geq 0$，$\sigma^j |= \Psi$ 且 $\forall 0 \leq k < j$，$\sigma^k |= \Phi$。

如果 $\sigma |= \Phi$，则路径 σ 满足 Φ。前 3 个子句与定义 1-18 中计算树逻辑的语义完全相同，语义可由命题逻辑解释[49]。第 4 个子句陈述 $\sigma = s_0 s_1 s_2 \cdots$ 满足 $X\Phi$，当且仅当 $s_1 s_2 \cdots$ 满足 Φ。（注意：s_0 此时没有任何作用。）σ 满足 $\Phi U \Psi$ 是说存在 σ 的某一个上标，σ^j 满足 Ψ，并且之前的所有上标满足 Φ，当 $j=0$ 时，σ^j 可能等于 σ 本身。在这种情况下，第 5 个子句第二个并列词的真值变得没有意义，因为没有 k 满足 $\forall 0 \leq k < j$。$\sigma |= \Phi U \Psi$ 当且仅当一个 Ψ-状态在将来的某一时刻可以到达，且这一时刻之前 Φ 保证成立，一旦到达 Ψ-状态，Φ 和 Ψ 的合法性在后面的状态中是不相关的。

例 1-3　　考虑 3 个路径 σ、$\hat{\sigma}$、$\tilde{\sigma}$。例如，$\sigma |= X\phi_1 \wedge \sigma |= XXX\neg\varphi$，表示路径满足时序公式 $X\phi_1$ 和 $XXX\neg\varphi$；$\hat{\sigma} |= (\phi_2 \vee \phi_3) U\varphi \wedge \sigma |= \phi_0 U\phi_3$，表示路径满足时序公式 $(\phi_2 \vee \phi_3) U\varphi$ 和 $\phi_0 U\phi_3$，后面的时序公式是指 $j=0$ 的情形，σ^0 满足 ϕ_3，这个公式表明在 σ 中不存在使 ϕ_0 成立的状态，它们是不相关的；又如，$\tilde{\sigma} |= \neg(\text{true} U\varphi)$，表示沿着这条路径执行，不会有任何状态到达 φ。

1.7.2　计算树逻辑的语法及语义

本小节介绍计算树逻辑（computing tree logic，CTL），CTL 是一种用于说明相关系统性质的分支时序逻辑。

1. CTL 的介绍

CTL 用于反应系统的说明与验证，这种时序逻辑是线性的（因为把时间看成是线性的），即在每一个时刻，只有一个可能的后继状态，并且每一个时刻只有唯一的一个将来。从技术角度来讲，线性逻辑公式的解释（通过满足关系|=）是根据计算（也即顺序状态）定义的。在顺序的基础上，时序算子 X、U、F 和 G 描述了沿时间路径的顺序事件，即一个系统的单一计算。

从 Kripke 结构得到的路径是有分支的，即一个状态可能有几个不同方向的后续状态，并且一个状态有多个可能的起始计算。PLTL 公式的解释提升为：公式 φ 在状态 s 成立，当且仅当在这个状态 s 所有可能开始的计算 φ 都成立。在公式中，在状态 s 的所有起始计算上的全局变量可以使这个概念更加清楚。

$\sigma \models A\varphi$，当且仅当对所有以 s 开始的路径 $\sigma \models A\varphi$，其中，A（always）的意思是总是。这里 $A\varphi$ 是一个 PLTL 公式，它的解释定义在所有状态上。在 LTL 中，虽然能自然陈述开始于状态 s 的所有计算，但是，处理这些计算是不容易的。因此，需要探索全称量词与局部量词的关系，并做一些扩展。例如，为了解是否在状态 s 中存在一些计算满足 φ，可以检查 $\sigma \models A\neg \varphi$，如果这个公式不被 s 满足，则至少有一个计算满足 φ，否则，所有的计算将排斥 φ。

对 PLTL 更加复杂的性质，如要求"对所有的计算，它总是可能回到最初的状态"，这是不可能做到的，属于 NP 难题，也就是说，对每个计算需要 GF start，即 $\sigma \models AGF$ start，这里 start 表示初始状态。主要是这个 PLTL 公式的条件要求太强。因此，这个性质不能用 PLTL 进行解释说明。

为了克服这一问题，在 20 世纪 80 年代早期，Emerson 等提出了一种用于说明和验证的时序逻辑[49]。这种时序逻辑的语义不依赖于时间的线性概念——无限状态序列，而是基于时间的分支概念——无限状态树。分支时间涉及的每个时刻可能有几个不同的将来的事实，即每个时刻可能被分为几个将来。由于时间的分支概念，这类逻辑被称为分支时序逻辑。在分支时序逻辑概念下的语义是一棵树，树上的每个路径都表示一个使能的计算，那么树本身自然能够表示所有使能的计算，并且可通过有穷状态自动机的转换直接从 Kripke 结构获得。树的根状态 s 表示 Kripke 结构中所有可能无限计算的起始位置。

分支时序逻辑中的时序算子允许表示从一个状态开始的一些计算，它支持一个存在路径量词（记为 E）和一个全称路径量词（记为 A）。例如，性质 $EF\Phi$ 表示存在一个路径使 $F\Phi$ 成立，即 $EF\Phi$ 陈述了至少存在一个路径，使 Φ 最终成立。（**注意**：这里不排除也存在使这个性质不成立的路径，如有的计算总是拒绝 Φ。）相反，性质 $AF\Phi$ 陈述了所有计算满足 $F\Phi$，通过多次使用全称量词和局部量词，可以表达更加复杂的性质。例如，之前提到的性质"对所有的计算，它总是可能回到最初的状态"能被准确地表示为 AGEF start：在任意状态（G）的任意可能计算（A），存在一种可能性（E）最终返回到初始状态（F start）。

这里存在两种时序逻辑——线性时序逻辑和分支时序逻辑，基于这两种不同的逻辑，有两个主要的模型检测观点，一是基于线性时序逻辑观点，二是基于分支时序逻辑观点。

许多线性时序逻辑和分支时序逻辑的表达能力是不可比较的，即一些在线性逻辑中表达的性质在分支逻辑中是不能表达的；反之亦然。

线性时序逻辑和分支时序逻辑模型检测的传统技术是不同的，如时间和空间复杂性的不同。

时序 CTL 是基于命题逻辑和离散时间的概念，是只有唯一将来模态的时序逻辑，它是一种分支时序逻辑，能充分地构造表示一个重要系统的性质集合。CTL

最初被 Emerson 等用于模型检测[49]。

2. CTL 的语法

和 PLTL 的定义一样，CTL 最基本的陈述也是原子命题。原子命题的有限集合记为 AP，用典型的符号 p、q 和 r 表示。定义 CTL 语法的方法如下。

定义 1-16（计算树逻辑的语法）　令 p 为原子命题，CTL 中的公式既可能是状态公式，也可能是路径公式。

状态公式满足下面的规则：

1）p 是一个状态公式；

2）如果 $\varPhi$ 是状态公式，那么 $\neg \varPhi$ 是状态公式；

3）如果 $\varPhi$ 和 $\varPsi$ 是状态公式，那么 $\varPhi \vee \varPsi$ 是状态公式；

4）如果 φ 是路径公式，那么 $\mathrm{E}\varphi$ 和 $\mathrm{A}\varphi$ 是状态公式；

5）没有其他的状态公式。

路径公式满足下面的规则：

1）如果 $\varPhi$ 是状态公式，那么 $\mathrm{X}\varPhi$ 是路径公式；

2）如果 $\varPhi$ 和 $\varPsi$ 是状态公式，那么 $\varPhi \mathrm{U} \varPsi$ 是路径公式；

3）没有其他的路径公式。

CTL 状态公式与路径公式两者有本质区别，状态公式表示一个状态的性质，而路径公式表示一个路径的性质，它由一个无限状态序列组成。时序算子 X 和 U 与 PLTL 中的意义完全一样，并且是路径算子。如果 $\varPhi$ 在这个路径的下一个状态成立，则公式 $\mathrm{X}\varPhi$ 对一个路径成立；如果沿着这一路径，在将来某一个状态 $\varPsi$ 成立，且在之前的状态 $\varPhi$ 成立，则公式 $\varPhi \mathrm{U} \varPsi$ 对一个路径成立。通过增加路径量词 E（表示"一些路径"）或路径量词 A（表示"所有路径"），可以将路径公式转化为状态公式。

注意： 需要在线性时序算子 X 和 U 之前直接放上 E 和 A 以得到合法的状态公式。

如果存在一些从 s 开始的路径满足 φ，则公式 $\mathrm{E}\varphi$ 在一个状态 s 成立。相应地，如果所有从 s 开始的路径都满足 φ，则 $\mathrm{A}\varphi$ 在一个状态 s 成立。与一阶谓词逻辑的全称量词和存在量词相似，有 $\mathrm{A}\varphi \equiv \neg \mathrm{E} \neg \varphi$，对所有路径公式 φ[①]成立。

例 1-4　令 AP$=\{x=1, x<2, x \geqslant 3\}$ 是一个原子命题集，正确的 CTL 公式语法如 $\mathrm{EX}(x=1)$，$\mathrm{AX}(x=1)$，$x<2 \vee x=1$，$\mathrm{E}((x<2)\mathrm{U}(x \geqslant 3))$ 和 $\mathrm{A}(\mathrm{true}\ \mathrm{U}\ (x<2))$。不正确的 CTL 公式语法如 $\mathrm{E}(x=1 \wedge \mathrm{AX}(x \geqslant 3))$ 和 $\mathrm{EX}(\mathrm{true}\ \mathrm{U}\ (x=1))$，这里第一个公式中 $x=1 \wedge \mathrm{AX}(x \geqslant 3)$ 不是路径公式，因此它的前面不能加 E；第二个公式中

---

① 注意，$\neg \mathrm{E} \neg \varphi$ 不是 CTL 公式，因为 $\neg \varphi$ 不是一个路径公式。

true U $(x=1)$ 是一个路径公式，因此它的前面不能加 X。

注意：$EX(x=1 \wedge AX(x \geq 3))$ 和 $EXA(true U (x=1))$ 是语法正确的 CTL 公式。

CTL 语法要求路径算子直接放在线性时序算子 X、F、G、U 前面。如果这个要求下降，并且允许在任意的 PLTL 公式前加 E 或 A，就得到一个更具有表示能力的分支逻辑 CTL*。例如，$E(p \wedge Xq)$ 和 $A(Fp \wedge Gq)$ 是 CTL* 的公式，但不是 CTL 的公式。因为第一个 PLTL 公式都可以在 CTL* 中使用，所以 CTL* 可以被认为是 PLTL 的分支逻辑解释。PLTL、CTL、CTL* 之间的精确关系将在 6.5 节中讲解。我们不考虑 CTL* 的模型检测，因为对这种逻辑的模型检测问题在系统说明上是 PSPACE-完全（problem space，空间复杂度）的（即非常复杂）。这里只考虑 CTL 的模型检测，虽然 CTL 并不拥有 CTL* 的表达能力，但用它表示相关的性质是充分的。

3. CTL 的语义

定义 1-17（路径）　Kripke 结构 $K=(S,I,R,Lable)$ 的路径是一个无限状态序列 $s_0 s_1 s_2 \cdots$，对所有 $i \geq 0$，满足 $(s_i, s_{i+1}) \in R$。

一个路径是一个无限顺序状态集，并且前后两个状态之间存在过渡关系。对路径 $\sigma = s_0 s_1 s_2 \cdots$ 和整数 i，我们用 $\sigma[i]$ 表示 σ 的第 $i+1$ 个状态，即 $\sigma[i]=s_i$。以状态 s 开始的路径的集合记为 Paths(s)。因为 Kripke 结构的每一个状态至少需要一个后继状态，所以对任意状态 s 满足 $Paths(s) \neq \varnothing$。一个状态 s 有 $p \in Labeled(s)$ 时称为 p-状态。如果它由唯一的 p-状态构成，则路径 σ 称为 p-路径。

对任意的一个 Kripke 结构 $K=(S,I,R,Lable)$ 和状态 $s \in S$ 存在一个无限的计算树，根为 s，树中的 s' 与 s'' 之间存在一个弧，如果 $(s', s'') \in R$，树通过状态 s 打开 Kripke 结构。一个结点的输出度是由该结点状态的输出度数目决定的。

CTL 公式的语义是通过两个满足关系（都记为|=）来定义的：一个用于状态公式，一个用于路径公式。对状态公式 Φ，|= 是一个 Kripke 结构，表示它的一个状态和状态公式 Φ 之间的关系。我们更愿意写 $((K, s), \Phi) \in |=$ 为 $K, s |= \Phi$，公式含义是：$K, s |= \Phi$ 成立，当且仅当状态公式 Φ 在结构 K 的状态 s 成立。对路径公式 φ，|= 是一个 Kripke 结构，表示它的一个路径和路径公式 Φ 之间的关系。我们更愿意写 $((K, \sigma), \varphi) \in |=$ 为 $K, \sigma |= \varphi$，公式含义是：$K, \sigma |= \varphi$ 成立，当且仅当模型 K 的路径 σ 满足 φ。

定义 1-18（CTL 的语义）　令 $p \in AP$ 是一个原子命题，$K=(S,I,R,Lable)$ 是一个 Kripke 结构，$s \in S$，Φ，Ψ 是 CTL 状态公式，φ 是 CTL 路径公式，状态的满足关系|=定义如下：

1）$s|=p$，当且仅当 $p \in Label(s)$；

2）$s|=\neg \Phi$，当且仅当非 $(s|=\Phi)$；

3）$s \models \Phi \vee \Psi$，当且仅当($s \models \Phi$)或($s \models \Psi$)；

4）$s \models E\varphi$，当且仅当 $\sigma \models \varphi$ 对某些 $\sigma \in \text{Paths}(s)$ 成立；

5）$s \models A\varphi$，当且仅当 $\sigma \models \varphi$ 对所有 $\sigma \in \text{Paths}(s)$ 成立。

对路径 σ，路径公式的满足关系 $\models$ 定义如下：

1）$\sigma \models X\Phi$，当且仅当 $\sigma[1] \models \Phi$；

2）$\sigma \models \Phi U \Psi$，当且仅当 $\exists j \geq 0$ ($\sigma[j] \models \Psi \wedge (\forall 0 \leq k < j, \sigma[k] \models \Phi)$)。

对原子命题、非、连词的解释与平常一样，应该注意的是，CTL 的解释是在状态上，PLTL 的解释是在路径上。状态公式 $E\varphi$ 在状态 s 上是有效的，当且仅当存在一些从 s 开始的路径满足 φ。相反，$A\varphi$ 在状态 s 是有效的，当且仅当所有从 s 开始的路径满足 φ。路径公式的语义与 PLTL 是完全相同的（虽然公式的形式有一些不相同）。例如，$EX\Phi$ 在状态 s 是有效的，当且仅当存在从 s 开始的一些路径 σ，在路径的第二个状态 $\sigma^{(1)}$，性质 Φ 成立。$A(\Phi U \Psi)$ 在状态 s 是有效的，当且仅当每一个从 s 开始的，含前有限状态（可能只包含 s）的路径，Ψ 在这个有限路径的最后一个状态成立，且 Φ 在之前的所有状态成立。对 PLTL、CTL 的语义是非常严格的，如果现在的状态满足 Ψ，则 $\Phi U \Psi$ 是有效的。

1.7.3　ASK-CTL 时序逻辑

扩展计算树逻辑（extend count tree logic，简称为 ASK-CTL，ASK 是 3 位丹麦学者 Cheng A，Christensen S，Mortensen K H 的简称）是 CTL 的扩展，可以用来解释由结点和边组成的抽象系统模型。ASK-CTL 语法，即它的状态公式和变迁公式定义如下。

定义 1-19（状态公式和变迁公式）　ASK-CTL 的状态公式和变迁公式由下面语法生成。

状态公式为

$$\phi ::= T \mid \alpha \mid \neg\phi \mid \phi_1 \vee \phi_2 \mid \phi_1 \wedge \phi_2 \mid EU(\phi_1, \phi_2) \mid AU(\phi_1, \phi_2) \mid EG(\phi_1, \phi_2) \mid$$
$$AG(\phi_1, \phi_2) \mid EF(\phi_1, \phi_2) \mid AF(\phi_1, \phi_2)$$

变迁公式为

$$\psi ::= T \mid \beta \mid \neg\psi \mid \psi_1 \vee \psi_2 \mid \psi_1 \wedge \psi_2 \mid EG(\psi_1, \psi_2) \mid$$
$$AG(\psi_1, \psi_2) \mid EG(\psi_1, \psi_2) \mid AG(\psi_1, \psi_2) \mid (\psi_1, \psi_2) \mid AF(\psi_1, \psi_2)$$

这里，α 是从 CPN 标识到布尔变量的函数，β 是 CPN 变迁中绑定元素到布尔变量的函数，$\phi \in \Phi$，$\psi \in \Psi$，ASK-CTL 是在 CTL 的基础上通过增加转换操作符扩展形成的，能够在状态公式和变迁公式之间互相转换。符号"$\neg$、$\vee$"是逻辑操作符，而操作符 EU、AU 是由时序操作符 U（until）和路径操作符 E（exist）或 A（for all）组合形成的。

定义 1-20（ASK-CTL 的语义）　设 Φ 是状态公式，Ψ 是变迁公式，使用公

式 $\wp,s\models_{St}\phi$（$\phi\in\Phi$，s 是模型 $\wp$ 中的一个状态）解释一个状态公式，$\wp,\tau\models_{T_r}\psi$（$\psi\in\Psi$，$\tau$ 是模型 $\wp$ 中的一个变迁）解释一个变迁公式，具体语义解释如下：

$$\wp,s\models_{St}T$$

$$\wp,s\models_{St}\alpha,\text{当且仅当 }\alpha(s)=T$$

$$\wp,s\models_{St}\neg\phi,\text{当且仅当 }M,s\models_{St}\phi\text{ 为假}$$

$$\wp,s\models_{St}\phi_i\wedge\phi_j,\text{当且仅当 }(\wp,s\models_{St}\phi_i)\vee(\wp,s\models_{St}\phi_j)$$

$$\wp,s\models_{St}<\beta>,\text{当且仅当 }(\exists\alpha=(s,(t,b),s')\in\Phi)\wedge\wp,$$
$$\alpha\models_{T_r}\Psi,(t,b)\text{ 是一个绑定元素。}$$

$$\wp,s\models_{St}\text{EU}(\phi_1,\phi_2),\text{当且仅当 }\exists\sigma\in P_s$$
$$(\exists n\leqslant|\sigma|,(\forall 0\leqslant k<n,\wp,s_k\models_{St}\phi_1)\wedge\wp,s_n\models_{St}\phi_2)$$

$$\wp,s\models_{St}\text{AU}(\phi_1,\phi_2),\text{当且仅当 }\forall\sigma\in P_s$$
$$(\exists n\leqslant|\sigma|,(\forall 0\leqslant k<n.\wp,s_k\models_{St}\phi_1)\wedge\wp,s_n\models_{St}\phi_2)$$

这里，P_s 表示从状态 s 开始的路径集合，任何路径都是有限或无限的，对任意有限路径 $\forall\sigma=s_0b_1s_1\cdots s_{n-1}b_ns_n$，路径的长度为 $|\sigma|=n$；b_i 表示从 s_{i-1} 到 s_i 的边，变迁公式的解释与状态公式的解释相同。逻辑 ASK-CTL 仅用来表示可配置业务流程中的相关属性。

本 章 小 结

本章属于基础知识部分，首先概述了 BPM 的背景与现状，同时对业务流程建模语言进行了介绍，如 EPC、YAWL、BPEL 等；然后简要介绍了业务流程建模技术的概念及业务流程可变性配置管理等基础知识，并对 Petri 网及 CPN 进行了简要介绍，引入了业务流程的形式化定义语言，如 LTS 等；最后，作为本专著的形式化基础理论，概述了时序逻辑 CTL 及 ASK-CTL 的基本语法及语义。

第 2 章　可配置业务流程

2.1　引　　言

有效和可靠的数据处理对当今信息社会的发展至关重要。因此，构建一个良好的执行任务的组织是很有必要的，这个组织能将输入数据转化成有价值的结果。关注可执行流程的组织是 BPM 中的一项重要技术，为支持 BPM，可将流程模型执行过程视为流程行为。处理数据的文档、进一步的选择、约定任务的执行跟描述流程的输出一样，流程模型在开发、实现执行或改善业务流程时支持涉众者。同时，流程模型能够支持在业务流程模型执行过程中数据信息系统的指导，即大家所知的 WFM 系统。这里，由业务流程设计者提供精确的形式化的规格，这种规格是用来描述如何在任务之间进行前后衔接及数据转化的。

设计高质量的流程模型通常是费时、易错且高成本的。首先要求核查为达到所需的结果而采用的尽可能少的步骤，然后必须规约作为任务输入的数据和所需资源，并确定每一步执行后所产生的结果。很显然，在这个过程中，时间和劳动力会随着流程规约层次的细化而增加。当一个核心任务满足管理者时，工作流系统为了让系统自动控制和容易理解，会将每一步都从特殊和具体两个视角进行形式化描述，这使得出错的危险（特别是潜在的错误）也会相应增加。因此，在建模时所耗费的劳力和风险必须与系统性能的改善达到均衡。

从企业角度看业务流程，能够区分两种主要的业务流程：初始业务流程和辅助（或改善）业务流程。初始业务流程是指企业在与其他企业竞争中设计出的成功应用于实践的核心业务流程。这些业务流程有顾客的支持及相应的市场等，而且需要一定的创新，从而产生出与其他市场竞争者之间的差异性。相比而言，辅助业务流程如发票的验证、旅游请求的审批等，并不会直接给企业带来贡献，它们有一个相同点就是企业只依赖流程执行的效率，而且，除非企业自身是特定领域专业化的外包企业，否则只要对流程进行改善和创新一定会提高企业的效率。尽管如此，辅助业务流程一旦失败仍会将企业置于危险的境地，因此，这些非核心业务流程的可靠性要比创新更为重要。

所有企业的软件供应商或 ERP 系统（如 IBM、Oracle 或 SAP）都深知这一点，它们的产品都是建立在能够整合企业数据基础之上的。通过增加对产品的工作流支持，使业务流程自动处理数据成为可能。正因为如此，这些产品包括软件及各种不同流程可应用在特定系统中执行文档。因此，企业软件供应商提供非严格形式化的流程文档及通过自己的系统工作流引擎执行业务流程的技术模板，这些模型利用先前自身在特定领域里选择的各种不同实现形成公司的标准。

当然，像旅游审批或发票验证这样的业务流程在执行时总体上是相似的，由于特定的需求会有小范围的可变性。例如，发行一个支付授权需要 2～3 个相关企业的许可证，而有些则允许直接将这个授权发行。因此，要实现组织间的标准方案，需要花费大量时间应用组织需求的个性化流程。

当前流程模型和参考流程模型是执行普通业务流程的最佳实践，所以标准业务流程的调整大多需要一个流程模型的手工操作过程。因此，即使很小的更改也需要很好的建模经验和技术，因而也随之带来相关的风险。为了避免这些风险，我们建议采用所有不同业务流程变体的整合集，也就是单一流程模型涵盖所有执行选项，甚至是它们之间的新组合，这样一个整合的业务流程模型可使用户简单地对业务流程期望或放弃的活动决策进行选择。以这种方式，能够将业务流程模型配置成业务流程变体，这个业务流程变体仅包含流程整合集中满足特定组织需求的部分，所有其他未选中的部分都从业务流程中剔除掉。因此，建立可配置流程模型的目标是保证派生出的业务流程模型的正确性。这就意味着一个工作流引擎应该能够按照任何业务流程变化控制流程的活动，这些业务流程的变化使得用户能够从可配置流程模型中派生出来。

归纳起来，可配置流程模型能够通过组合重用各种已有的流程定义，为模型用户提供一个针对个性化配置的决策，如图 2-1 所示。

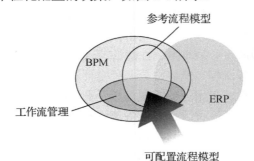

图 2-1　BPM、参考流程模型、工作流管理和 ERP 领域中的流程配置

2.2　流程重用

流程重用的目标是避免"重塑流程"的情况发生，如避免再次设计已被用户

使用并定义好的业务流程模型。从重用软件代码的简单理念来说，软件重用自 20 世纪 70 年代末至今已经发展了将近 40 年。然而，因为缺少精细化的概念和工具的支持，最初实践者并不愿意在新的项目中重用太多已有的软件，如不愿意使用他人写的代码。随着面向对象程序、软件库和设计模式中继承概念的发展，重用发生根本性的变革。近年来，所有软件开发者都应用重用这个概念构建已有软件，如重用用户接口、数据库访问等。

20 世纪 90 年代，随着 BPM 的逐渐普及，研究和实践人员很快发现流程重用能够很大程度降低流程建模成本。这就导致了大规模的参考模型和存储模式的开发，从而出现了业务流程模型。这些业务流程模型被认为是特定业务流程的最佳实践方法。最为显著的成功例子是由 SAP 提供的参考业务流程模型的集合，这个集合至少包括 600 个有意义的业务流程模型，记录了全球 1 万多个设备的企业系统业务流程。这种参考模型也旨在根据个性化需求有一个更好的开发设计业务流程变体的起始点，而不是从头开始设计。然而，尽管有大量的关于已有参考流程模型的研究，但是要发现能够对实现一个项目有帮助的成功案例文档还是很困难的。例如，Daneva 声明对实现项目的企业系统的需求工程都是重用的，她提出以系统供应商提供的业务流程文档为起点。然而，在分析 67 个 SAP 实现项目后，她意识到对个性化需求提供一个标准的解决方案同样是费时的，同时系统供应商提供的工具也未能捕获任务改变所产生的影响。

除了记录系统行为的流程模型文档，SAP 同时也为工作流系统保留很多的简单预定义的业务流程模板。这些预定义的业务流程模板都是企业系统的配置，范围从后勤业务流程模板、物资管理到个人时间、销售、分配或封存管理，这些都是可打印出来并能够在 SAP 系统中激发的模板，无论何时只要有执行的需要，便可自动触发。

针对业务流程如何执行存在很多配置决策的问题，SAP 库中有包括相同业务流程的多重模板变体，每个变体都有特定业务流程的不同实现方法。例如，某个专用工作流模板，不仅有针对旅游申请的审批，而且有针对旅游申请的自动审批的实现方法；另外，还有一些包括旅游计划审批、行程审批和行程自动审批的工作流模板等。

为了决定实现哪个流程变体，流程设计者必须比较这些模板，所有的这些模板都有相似的结构，因此发现它们之间的细微差异是困难且费时的。如图 2-2 和图 2-3 所示的例子，在这两个模板的文档中存在某种程度的不一致性，因为如果"Create travel request"和"Enter travel request"描述的是相同的任务，则活动的标签描述不统一，对这种类型的活动标签还需更进一步的研究。

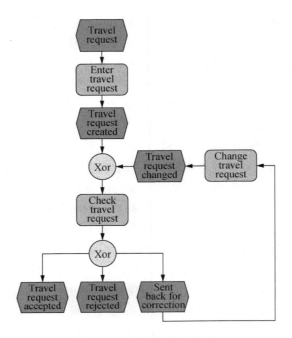

图 2-2　手工审批旅游申请

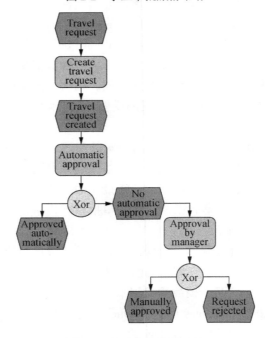

图 2-3　自动审批旅游申请

2.3　流程模型的自适应

为了提高流程模型自适应的能力，首先要知道业务流程模型是如何进行自适应的。为此，我们开始研究一种自适应技术分类的框架，以区分两种模型的自适应类型：配置机制和通用自适应机制。这两种机制的本质差异在于配置机制主要基于对模型中的内容进行剔除，而通用自适应机制允许在增加新的步骤或简单的重连接业务流程弧时向模型中增加新的内容。这就意味着任何自适应机制都是由不断自我更新为主而归类到通用自适应机制，若自适应模型是初始模型的子集，则归类为配置机制。

为支持通用自适应机制，我们提供两个自适应的支持：聚合和实例化，如图 2-4和图 2-5 所示。在聚合方法中主要是提供一个流程模型构造块库（这些构造块能够组合和嵌套，如集成创建大的业务流程模型），这种方法与在软件工程中提供软件库相似，因此，很多研究运用聚合机制进行业务流程模型的框架重用。实例化是为流程设计者提供与聚合相反的方法，它提供了包含在自适应流程模型中需要填充占位符的流程模型框架，这与面向对象程序中的抽象类和接口的概念相似。

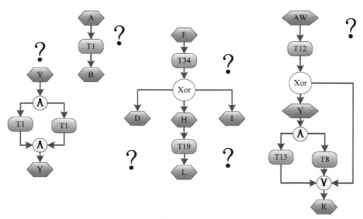

图 2-4　流程模型构造块聚合

流程模型配置结合这两种支持流程重用的方法，消除了所有流程建模时的手工操作，而提供自适应流程模型的选择。为了能够配置流程模型，需要定义整体框架和流程模型库，同时有必要定义框架中的未定部分如何从流程模型库中进行填充。不增加任何组件，这样的流程能够通过两种方式改变：其一，已经在模型中的元素可以隐藏，使理解模型变得容易，而保留在流程中的元素说明是保持的流程模型的行为（图 2-6）；其二，元素可以完全从模型中消除，相应的行为也会被约束，如果想改变流程执行的情况，则需要限制流程的行为。因此，流程模型配置就意味着根据流程模型决策约束可能的行为。

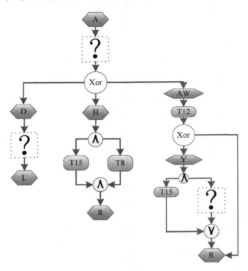

图 2-5 流程模型实例

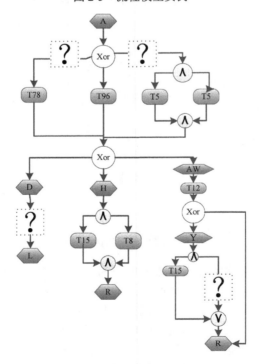

图 2-6 流程模型配置：保留的元素

　　流程模型配置是流程模型构建和流程执行之间的中间步骤，如图 2-7 所示，通过定义一个流程，异常执行的任务就会被阻止。因而，构建一个流程模型与定义在流程执行时出现的可变选项相似，需要定义任务间的可执行顺序。在业务流程构建并实施后，任务不再任意执行，它们必须按流程模型规定的决策执行，流程行为也可能会被约束，主要是通过从流程模型中消除元素，从而禁止它们的执行。这种仍然保持开放的决策仅在执行流程时制订：由每次决策确定在流程模型中的哪个路径会执行。这些运行时的决策会从特定流程实例中可能的流程行为中消除相关的路径。

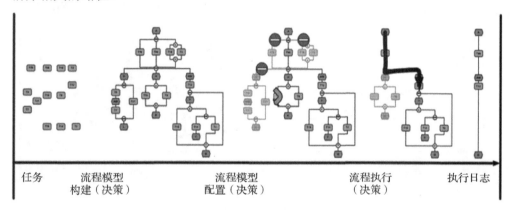

图 2-7　流程模型构建、配置与执行：决策约束潜在的流程行为

　　因而，流程模型构建、配置与执行将彼此连接的决定从日志中捕获到的实际的执行流程行为中。事实上大多数决策是在构建流程模型中制订的，流程配置允许为流程执行制订相关决策，这些决策在执行流程时是保持开放的，并且在流程执行过程中保持有效性（图 2-8）。

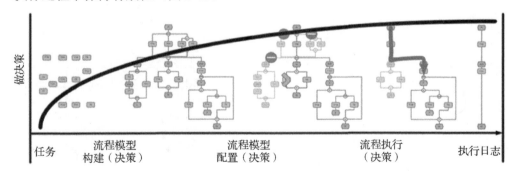

图 2-8　可变选择流程模型

流程配置是为支持流程重用而提供的流程决策的中间步骤，它是基于以下流

程执行场景进行的：被流程模型支持的流程行为越多，则在各种不同场景的应用也就越多，即一个允许多个流程行为的流程模型将会有更多的重用。然而，达到适应性的大多数行为并不是真实的从个性化应用角度的期望行为。也就是说，个性化应用仅是这些行为的子集，当增加更多应用的潜在重用时，会使模型与个性化应用不适应，降低流程的重用度，根据模型导出的流程实例如图 2-9 所示。通过流程配置消除非期望的流程行为，能够增加流程模型的适应性。因此，增加流程模型配置是从两个方面进行的：一方面是通过允许对流程模型增加额外的行为来增加流程模型配置；另一方面是通过增加相关工具裁剪所需的额外行为来增加流程模型配置，即可配置流程模型是多个流程变体的聚合，如图 2-10 所示。

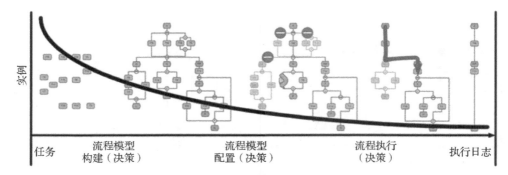

图 2-9　根据模型导出的流程实例

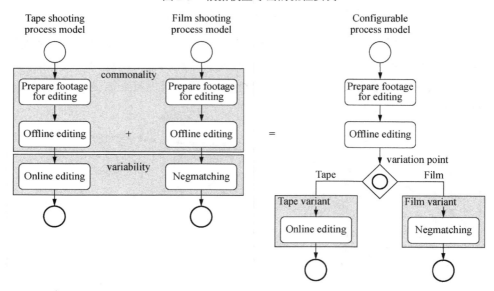

图 2-10　可配置流程模型是多个流程变体的聚合

流程模型配置必须通过流程改变的相关问题进行区分，存在的问题是：流程一旦变更，则使用新的流程实例执行。处理这些变更也称为配置、重配置或自适应工作流系统。然而，这些方法明显忽略了流程模型本身如何容易且安全变更的问题，这也是我们所关注的。

通过流程模型配置扩充流程建模语言的理论已经被很多研究者采用，如提倡在流程执行时吸纳或剔除流程行为的特定可配置结点。有研究者提出对这些模型元素指派属性值或删除这些模型元素；而有些研究者则提倡对决策结点增加约束条件，并基于评估做出模型修正的决策，以及提供通用的配置模式集，以描述在特定执行场景中存在的流程行为约束条件。

所有这些方法都是通过观察流程模型自适应或实践中的变化来识别特定配置选择的，要求业务流程配置选择需符合个性化需求。

2.4　可配置业务流程

可配置业务流程模型最先是由 Rosemann 和 Aalst 提出的，是一种逐步系统化的流程重用的方法。例如，利用可配置流程模型处理如下的问题：如何对企业中具有共性和个性化的业务流程进行建模。这个问题就需要通过单个可配置模型合并多个流程变体来完成。这种流程建模方法跟软件产品线（software product line，SPL）领域的特征模型方法相类似。一个可配置业务流程模型提供一个从起点派生出一个满足特定需求的流程模型，从而替代传统的从头开始设计流程模型的方法，节省了时间和成本。

为理解怎样构建一个可配置流程模型，让我们考虑一个具体例子。这个例子是从电影业务中的流程模型部署中抽取的，这个流程模型是我们在研究过程中跟多个电影剪辑公司进行协作归档的。在这个产业中，很难以标准的流程模型实现，因为每个视频项目都有自己独有的特征，因而有自己独特的业务流程，但同时它们之间共享某些共性。

图 2-10 是两个用 BPMN 表示的电影后期制作流程的变体。这两个变体反映在剪辑中的公共实践：一个是"shooting on tape"，另一个是"shooting on film"。接下来就开始准备"footage"编辑和在线编辑，其后继活动"编辑"是相同的，作为两个子流程的公共活动。在完成剪辑以后，如果是胶片剪辑则是在线编辑，否则是"negmatching"。在线编辑是一个便宜的编辑过程，适应低成本制作，如胶片剪辑。而"negmatching"提供高质量编辑则需要高成本，更适合高预算的电

影剪辑的制作。这两种方式之间的成本差异表示了电影后期制作流程的可变性：依赖于预算或创造和项目类型，选择其中一种方式。

图 2-10 的右边部分表示的是后期制作的可配置流程模型。这个模型是左边两个流程变体通过可配置网关表示可变点的两个流程变体的合并。这个用分支网关表示与普通的 BPMN 相区别，并不表示当流程执行或模拟时导致的一个选择或并行分支的影响。相反，可配置网关表示的是一个需要分析人员做出的设计决策，使可配置流程模型能够适应特定设置，如项目或组织等。在后期制作这个例子中，可配置活动描述这样一个事实：任何一个人都可以根据给定的电影项目做出是胶片剪辑还是电影剪辑或是两者都要的选择。

因此，可配置业务流程模型的一个核心特征是明确可变点及其变体的表示。一个可变点可以不同的方式表示，可视为特殊活动。一个可配置流程模型的典型特征是能够通过一些可变点表征，且每个可变点都捕获流程设计中需要采用的决策。一个分析员能够通过对每个可变点选择其中最适合的变体进行模型配置。一旦这些决策都做出的话，则配置后的流程通过移除这些变体中无关的部分进行个性化而产生个性化流程。个性化流程模型是用来进一步分析、模拟或产生一个给定需求的可执行规约。因此，一个可配置业务流程能够表示在给定领域里公共或最佳实践的模型，从而约减建模工作。

让我们回到刚才那个可配置网关导致的可变点之间的差异性。这个可变点决策是设计阶段的决策，并不是基于流程实际执行时数据值有效性的，而是这个相关模型被使用前项目或组织的需求。前面提到，一些决策可能是流程配置后的某些驱动因素：组织结构、国家或当地的法规、合规性需求、成本等。因此，要在 PAIS 生命周期里开发可配置业务流程模型，传统设计方法要分成两阶段：第一个阶段是通过对所选择流程的变体进行合并设计出可配置流程模型；第二个阶段是对这个模型进行实际配置和个性化，从而满足独特设置，如图 2-11 所示。

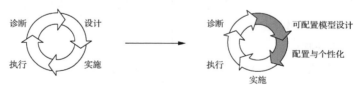

图 2-11　PAIS 生命周期中的业务流程模型配置与个性化

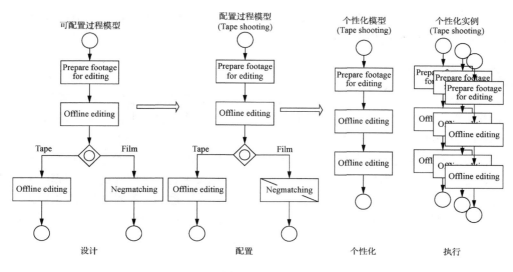

图 2-11（续）

2.4.1　问题陈述

尽管可配置业务流程模型有许多优势，但其仍然没有成功地应用于捕获参考流程模型。这主要是因为流程模型配置的概念尚未足够成熟，如捕获的可变点之间交叉依赖仍然不很清楚，怎样达到个性化并保证个性化流程模型的正确性并不明确等。

而且，当一个可配置业务流程模型同时表示标准流程和它的变体时，对于分析者理解哪些可变点可以共享及与其相关联的业务领域之间的差异性是很困难的。另外，很重要的一点是，流程配置范围严格约束于控制流，而简化了其他流程的重要方面，如资源及参与流程的业务对象等。特别地，在这个研究的最初阶段，需要识别管理可配置流程模型中存在的几个问题。

1.　易错的配置

首先是缺少对流程模型配置的理解。这种不确定性导致在流程配置时手工配置的方法易错性增加。特别地，这些方法不能保证个性化流程在语法或语义上的正确性。例如，一个模型元素或一整条路径在可配置流程模型中被移除时，剩下的模型元素需要重新连接以保持语法的正确性。最坏的情况是并行分支、决策点和同步点的可变点配置可能会导致语义问题（死锁），这个是很难解决的。尽管这些问题是技术性的，但导致的影响是非常实际的。事实上，分析人员都未承担保证个性化流程模型的正确性责任，只是手工修正错误而已，这具有局限性。首先，不能保证在给定一个配置决策下总能导出相同的个性化模型，因此，留下解释的空间；其次，不正确的个性化模型不能直接由开发者派生出可执行的流程规格，因此需要更进一步地努力。

2. 缺少决策支持

可配置业务流程模型并不对实际的替代选择提供支持。它们未能指导用户在给定用户环境下得到最适合的可推荐配置，因而，并不容易去评价配置决策对流程模型的影响。由于可配置业务流程模型缺少在流程模型可变点和业务决策之间的明确联系，需要用户拥有应用领域和构建模型的建模语言的专业知识，因此，不仅要求执行配置的用户熟悉某一领域，而且要求他们对理解和配置流程模型方面非常熟练。这种假设就限制了那些对建模概念不熟悉的专家对该模型的应用。另外，带有很多错综复杂的依赖于可变点的特征，以及对建模概念抽象的缺失也使得对工业中参考流程模型的配置极其困难。

3. 表达的缺失

可配置业务流程模型和表示参考流程模型的语言，都仅关注流程的控制流方面，而忽视了其他重要的方面。但是，除了控制流（即描述要执行的任务及其顺序），其他方面也需要考虑到，如参与流程的操作资源（人和机器/应用）、流程消耗和产生的业务对象（软件或物理制品）。因各流程的视角缺少可变点的表达技术导致模型表达能力有限的问题主要表现在：流程建模者不能捕获流程中不能利用的实体，如人类资源或物理制品；不能理解流程任务产生的效果。

2.4.2　模型映射

一种典型的捕获可变性的方法是模型投影。由于一般典型的参考模型包含了多个应用场景的信息，因此有可能通过淡化与某场景无关的流程分支部分为该场景创建一个投影。业务特征用于决定给定场景下的有效应用。一个针对特定场景的流程模型投影是通过将隐藏的那些元素参数设置为假（false）得出的，从而执行一个个性化算法将隐藏的元素移除并重新连接剩下的结点。这个算法修正了简单的语法问题，但并不能保证结果模型的语法和语义的正确性。例如，一旦事件和功能都被移除，则算法在循环的环境下或当两个事件之间的功能被移除后不能很好地运行。因此，语法问题也没办法得到修正，需要建模者调整配置。

这种方法的优势是并不像 C-EPC，其配置并不在流程模型层执行，而是在业务特征集中进行。然而，方法并未在配置参数指定值时为用户提供指导，而且这种方法会导致配置表达能力有限。例如，连接路由器行为不能被约束，并且任务-资源和任务-对象关联之间的细粒度配置也是不可能的。

2.4.3　业务流程的柔性

　　一方面，流程配置可以视为设计阶段的柔性，如在业务流程执行时部署该模型，以改变业务流程的结构（这种运行时的柔性通常标记为流程柔性，流程柔性是通过 WFM 系统支持的，如 YAWL 和 EPC 系统等）；另一方面，WFM 系统经常需要处理在流程设计阶段不希望在执行时出现的差异和变更，这些差异通常为流程异常，需要在流程运行时进行实时修正。例如，当人们在停止执行某个角色或决定采用通常不用的角色时异常会出现；类似地，还会出现最后违规或紧急事件。

　　在 YAWL 系统中，对柔性的支持是通过被称为工作项动态流程选择服务的组件实现的。这个组件是运行时为了处理异常而动态选择工作片去 YAWL 流程的工作项。一个工作片是一个离散的扮演所选择的工作项的子网的 YAWL 流程。另外，在运行时为处理意外异常需增加异常片，使自动化处理方法变成流程当前和将来的流程规约的隐含部分。这种方法是为流程的持续演化而提供的，从而避免了修改原始流程定义的需要。

　　去中心化的 p2p 自动遥测系统（autonomous decentralized peer-to-peer telemetry，ADEPT）支持在模型和实例层执行时流程的修改。这些修改都是通过允许增加、删除和改变任务序列的变更模式应用来达到的。与 YWAL 中的变更只能通过手工干预才能达到不同，ADEPT 中的授权用户也能通过流程实例的向前和向后跳步触发进行修改。

　　在 BPEL 中也可以将一个服务的终端动态指定给与之交互的流程伙伴，以达到某种形式的柔性。这种终端值可以从一个消息或变量中取出。通过 BPEL 实例的这种机制能够在运行时改变服务伙伴，提供相关的规约，如在流程部署之前由服务交换消息和类型的 WSDL 文档。为改善 BPEL 对流程柔性表达的支持，引入参数流程的概念，因此 BPEL 扩展具有通过流程中用户参数去改变端口类型和服务用户的能力，这些参数的值都是在合适的替代策略中被解析出来的。这种方法能够将 BPEL 定义从离散端口类型和操作信息中解放出来，降低模型复杂度和最小化维护成本。

2.4.4　配置业务流程模型

　　配置流程模型的目标是应用这个模型做变更，从而满足用户对模型个性化的需要。然而，理想的状态是在配置这个模型的过程中不需要对该模型增加任务内容。因此，配置一个流程模型实质上是对已存在的流程模型描述的行为进行约束，使得配置后的流程仅允许出现个性化期望的流程模型，而所有不期望的流程行为将从这个模型中剔除。

1. 配置与继承[32,50]

很明显，如果事先已经在模型中添加了行为，则行为只能从流程模型中移除。为弄清流程配置的本质，如流程的行为如何被约束、怎么分析这个行为及这个行为如何增加到这个模型上的，需要引入两个概念：配置和继承。

当今，处理增加信息并将其以结构化的方式整合到已有框架中的通用方法称为继承。继承是面向对象软件开发的指导原则。在面向对象程序设计中，类描述某个特定对象的属性，而方法描述这些对象的执行。继承的基本理念是提供一个允许构建这些类的子类的机制，这些子类继承初始类的所有行为和属性，同时能够扩充自己独特的行为或属性。因此，一个子类必须提供从初始类继承来的功能，而又能够为自己增加额外的功能和属性，初始类也称为子类的超类。回到最初的问题，我们因此能够说任何向其他类增加行为或属性的类是从其他类中继承下来的子类。

Basten 等[32]将这些继承概念应用到工作流模型中并识别如何在这样的行为模型中检测到继承。为此，我们使用分支互模拟的等价概念[51]比较这种流程的行为。基本上，分支互模拟忽略了哑任务的行为影响，但是在选择时要考虑这种哑任务。如果所有的在一个模型中的任何特定状态能够执行的非哑任务在另外一个模型的等价状态也能执行，或是要么直接跳过任务，要么执行一个哑任务集后导致后继任务能够继续执行状态，则这两个流程模型在分支互模拟情形下行为等价。为此，分支互模拟关联了流程状态到另一个流程状态，使得这些状态匹配可能的后继。比较图 2-12 中的两个图，在图 2-12（a）中，流程 A 的 S_{A1} 与流程 B 的 S_{B1} 一样允许执行 a。在 S_{A2} 中允许执行 b，而在 S_{B2} 中需要执行一个标记为 τ 的哑变迁，才能在 S_{B3} 中执行与 S_{A2} 相同的 b。最后两个流程都在执行 b 后，达到 S_{A3} 或 S_{B4} 状态。因此，两个流程在分支互模拟情形等价，我们就认为它们表示相等的行为。这与图 2-12（b）不一样，我们很容易将 S_{C1} 与 S_{D1} 两个状态进行匹配，然后允许执行 a（在流程 D 中执行哑变迁 τ）或 b，接着是 S_{C2} 与 S_{D3}、S_{C3} 与 S_{D4} 和 S_{C4} 与 S_{D5}，两两匹配。但是在流程 C 中没有状态与流程 D 中的 S_{D2} 等价。在 S_{D2} 中只有 a 能够执行。在流程 C 中从 a 执行的状态只有 S_{C1}，然而，在 S_{C1} 中 b 也能执行。因此，由于它可能的后继不同，所以认为是跟 S_{D2} 不等价的，因而也不能构建一个关联，C 和 D 就不能认为在分支互模拟下是等价的。

为检测和定义两个工作流模型之间的继承关联，Basten 和 Aalst 应用了两种机制：继承机制和抽象机制，这两种机制着眼于识别描述两个模型中一个模型假定为另一个的子类的行为。因而，当子类向超类增加行为时，检测继承关系的机制用于分析流程，相反则是从子类中移除行为。

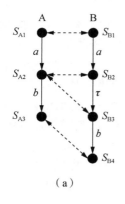
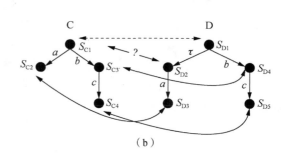

（a）　　　　　　　　　　　　　　　　　（b）

图 2-12　配置与继承

1）继承机制[31]：第一个识别继承关联的机制是通过封装实现的，如抑制额外功能的执行。如果仅当模型 x 中的变迁也会在模型 y 中执行时，这两个模型的行为无法区分，则 x 是 y 的子类。这就意味着所有不出现在超类 y 中属于子类 x 的变迁在执行时都会被阻隔。例如，在图 2-13 中用 LTS 表示的超类 A 和它的子类，如果子类变迁 b,j,k,l,m,n,p 被阻隔不能执行，此时子类的行为和超类 A 是相同的，因而，在这两个变迁系统中存在继承关系。

2）抽象机制：抽象机制是从变迁的执行过程中抽象出来的，但当仅考虑模型 x 中的变迁效果也是模型 y 中的部分时，它可以分析两个流程的变化。当 x 中任意的变迁被执行而同时考虑这些变迁效果也出现在 y 中时，x 和 y 中的行为是不能区分的，则 x 是 y 的子类。若子类 x 中的变迁未出现在 y 中，则超类 y 的变迁被隐藏（hidden）。如图 2-13 所示，有存在子类中而不在超类中的变迁 f 和 h，如果我们执行子类而不考虑执行变迁 d 和变迁 o 之间的 f 和 h 两个变迁，则子类表示的与它的超类 B 是相同的，都是 d 执行后，o 直接执行。

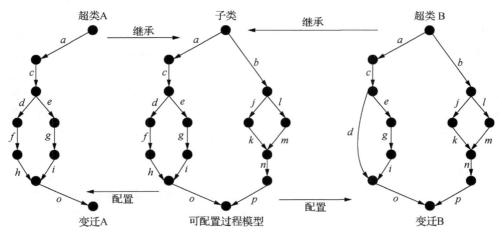

图 2-13　业务流程之间的关系：继承和配置

　　图 2-13 表明通过多重继承一个子类可以表示为多重超类的子类。这个子类包含它的超类的所有行为，如从每个个性化超类的角度看，这个子类被扩充为带有其他超类的行为。如果这样的超类是最小化的（如每个扩充都是由至少一个给定超类作为其动机），我们称子类为给定超类的最小公倍数（最小公共集）。

　　当配置一个流程模型时，其目标是与继承概念暗含的增加行为相比除去不期望的行为。因而，配置流程模型不是从流程模型中派生子类，而是需要发现流程模型的超类，这个超类是流程配置后特定目的的最佳选择。正如 Basten 等[32]通过决定超类是否从子类行为中封装和抽象两种操作而在子类中重新生成，blocking 和 abstracting 行为的机制能够作为工具从流程模型中派生出超类，如约束这个流程模型的行为。

　　2. 隐藏和阻隔

　　基于此，应用工作流行为继承理论中的 hiding 和 blockin 概念到标签迁移系统（LTS）。LTS 是计算流程的形式化抽象，从而任何带有形式化语义的流程模型（Petri网或 YAWL）都能够映射到 LTS。

　　LTS 是由结点和有向边组成的图，结点表示流程的状态，有向边表示标签迁移。标签能够标记某些事件、活动或将流程从一个状态改变到另外一个状态的动作。一个 LTS 有两个表示初始和终止的状态：i 和 o。传统流程中的路由选择（Xor等）建模成两个或多个输出边。图 2-14 左图所示为用 LTS 表示的电影后期制作流程模型简化版本。如在执行第一条边后就需要在标记为"Prepare tape for editing"和标记为"Prepare film for editing"两边之间做出选择。

　　使用 hiding 和 blocking 进行配置边，这些都是 LTS 中的活动结点。根据工作流行为继承理论，blocking 是与封装相关的，如一个原子动作不能执行，在 LTS中意味着一个阻隔边不能被采用且流程也不会达到其后继状态；而 hiding 关联的是抽象，如一个原子动作变得不可观察，在 LTS 中 hidden 边表示略过，但相关联的路径仍然是活跃的。图 2-14 左图的流程模型能够通过 hiding 和 blocking 应用选择流程中期望的部分进行配置。图 2-14 中间图显示这个流程模型为只进行胶片送回并希望用电影的方式传送所做的配置。通过这两种操作可以对相关边进行阻隔或隐藏。图 2-14 右图就是通过上述两种操作配置后的流程模型。这个流程能够通过应用个性化算法将所有 blocked 边移除并将 hidden 边周围的结点进行合并。在 blocking 一条边后的序列中，其所有子序列结点变得不可达。

　　借用 LTS 对两种机制形式化定义如下：

　　定义 2-1（LTS 配置）　　设 LTS $= (S, L, T, S_I, S_F)$，则它的一个配置是一个（偏序）函数 $C_{LTS} \mapsto \{hide, block\}$，这里 $dom(C_{LTS})$ 是配置变迁的集合，对 $\forall t \in dom(C_{LTS})$：

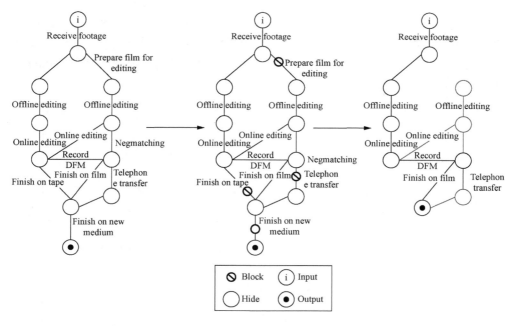

图 2-14　3 种 LTS 实例

1）如果 $C_{\mathrm{LTS}}(t)=\mathrm{hide}$ ，则 t 是一个 hidden 变迁；

2）如果 $C_{\mathrm{LTS}}(t)=\mathrm{block}$ ，则 t 是一个 blocked 变迁。

为了从配置操作派生出配置的流程，则配置必须应用于这个流程模型。如图 2-15 所示，使用 LTS 描述一些配置场景：第一列描述可配置模型；第二列描述如果变迁 a 被隐藏或阻隔之后的模型结果。

阻隔一个变迁的配置决策意味着这个变迁被阻止执行，即这个变迁不会出现在这个配置后的流程中。如图 2-15（a）、（b）中的描述，在生成配置模型后，阻隔的变迁将会从模型中移除，在图 2-15（a）中标记为 a 的标签配置为阻隔（blocked），因而在图 2-15（b）中移除该变迁。因此，当达到状态 S_1 时，变迁不再被执行。相反，流程必须执行另外一个替代变迁 (S_1,b,S_3) 到达状态 S_3 ，而状态 S_2 和其后继变迁 c 和 d 变得不可达。

如果是隐藏一个变迁的配置决策，则变迁是外部的，即不可观察，对模型的外部环境来说其效果可以忽略。然而它的执行效果是在模型内部，意味着其后续变迁执行时可略过。因此，当生成一个配置后的模型时，变迁必须转换成一个没有输出的哑步，且这个变迁被哑变迁代替，标记为 τ ，如图 2-15（a）、（c）所示。从图中可以看出状态 S_1 在配置后的模型中被保留，它仅作为从执行 (S_1,a,S_2) 或 (S_1,b,S_3) 到无任何可见输出的哑变迁 (S_1,τ,S_2) 之间的转换开关，因而从状态 S_2 继续后继行为或执行变迁 (S_1,b,S_3) 。由给定的定义可知，执行一个任务，其执行的外部效果对外界来说是可以忽略的。为此，隐藏可以视为跳过这个任务，也即业务流程的配置过程跳过当前变迁执行的效果，而仅考虑后继状态的非观察或外部效果并触发后继变迁出现。由于其结果是相同的，我们继续调用操作 hiding，从而与配置操作最初始的继承概念动机相符合。

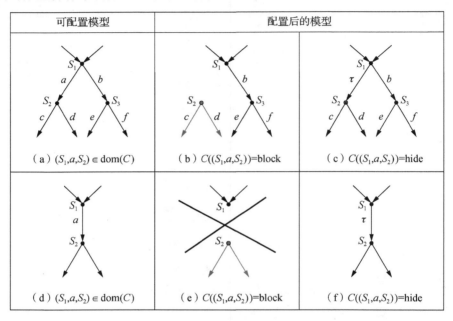

图 2-15　LTS 中的配置

定义 2-2（配置后的 LTS） 设 $\text{LTS} = (S, L, T, S_I, S_F)$ 是一个 LTS，$C_{\text{LTS}} \in T \mapsto \{\text{hide}, \text{block}\}$ 是 LTS 的一个配置，从这个配置导致的配置后的 LTS 记为 $\text{LTS}^c = (S^c, L^c, T^c, S_I^c, S_F^c)$ 定义如下：

1）$S^c = S$；

2）$L^c = \{l \in L \exists_{s, s' \in S} (s, l, s') \in T \setminus \text{dom}(C_{\text{LTS}})\}$；

3）$T^c = (T \setminus \text{dom}(C_{\text{LTS}})) \bigcup \{(s, \tau, s') \mid \exists_{l \in L} (s, l, s') \in \text{dom}(C_{\text{LTS}})$
　　　$\wedge C_{\text{LTS}}((s, l, s')) = \text{hide}\}$；

4）$S_I^c = S_I$；

5）$S_F^c = S_F$。

当配置后的流程模型与初始流程模型的状态保持相同（可能会变得不可达因而不相关）时，配置后模型中的变迁标记将由于阻隔或隐藏而被约减。因此，配置后的流程模型即包含阻隔或隐藏的变迁，也包含在初始流程模型中被隐藏后变成的哑变迁。在定义 2-2 中初始模型的初始状态和终止状态与配置后的模型相同。

这是触发流程执行时需要保留的状态，同样也保留任何流程模型外部的一个潜在行为通过触发后达到终止状态。新的初始或终止状态需要手动调整以改变流程的环境。除了这些技术原因，流程的领域也有可能抑制或约束某种配置，应避免阻止那些对整个业务流程非常重要的任务的配置。

　　归纳起来，一个可配置业务流程模型应该包括：①表示所有期望配置的子类的流程模型，最好是具有最小公共集的模型，称为可配置流程模型的基本流程模型；②包含基本流程的有效配置列表，它仅是用来导致期望配置的模型。

2.5　几种典型的可配置业务流程模型

2.5.1　C-YAWL[13]

　　在实践中，业务规则、计算机或企业系统促使一些企业以相似的方式组织它们的代理或业务流程。业务流程中的典型例子有采购管理、招聘等。企业和工作流系统通过指导和监控流程实例来支持业务流程的执行。能够在一个系统自动执行的业务流程规约称为工作流模型，如果这种模型存在，则特定业务流程称为工作流。企业供应商或工作流系统像顾问一样根据它们的解决方案提供一般化（泛化）的参考流程模型。一般情况下它们都定义概念层次，这有助于理解业务流程如何被特定的系统支持。

　　二次业务流程仍然很少能够以准确的方式在企业之间进行组织。相反，少数甚至有时候是多数企业需自适应去修改流程，以适应本地环境，如本地法律等。为了支持不同的应用环境，大的企业系统提供了多个流程的执行，变体的使用选择必须在流程或系统中确认。

　　下面介绍参考流程模型与流程变体的概念及它们之间的区别，传统的流程模型和工作流不支持流程变体的表示。本书用可配置的概念扩展工作流建模语言，可将流程变体融合到单个可配置的工作流模型中，当执行这个模型时可以选择合适的流程变体执行。执行分为 3 个阶段（图 2-16）：①构建阶段，融合各种流程变体的可配置流程模型的构建；②配置阶段，选择特定的流程变体；③运行阶段，使用配置后的模型执行流程实例。

　　通常可将配置选择作为运行选择融合到工作流模型中，但会引起两点不足：一是由于运行的选择全部在模型中已经确定，因此，模型缺少灵活性；二是增加了模型的规模。解决的办法是将可配置模型配置选择转换成一个额外的配置层，从而在配置和运行选择之间有一个明显的界限，而且运行时的模型在实例初始化之间无死锁的模型元素。相比于传统的工作流建模语言，它的复杂度增强了，额外的可配置元素只与配置阶段相关，流程设计者的目标只要与额外的模型元素相符合即可。

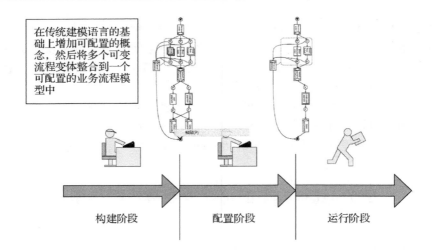

图 2-16　流程模型设计、配置与运行阶段

1. 工作流模型可配置的形成方法

假定每个工作流建模语言能够明确地描述案例的流动，则可配置工作流建模语言能够以控制的方式约束工作流模型的行为。在定义可配置工作流建模语言之前，需要识别特定语言中模型配置的内容，本节提出可配置建模语言的总体方法，介绍动作输入和输出端口的 3 种可配置操作，如图 2-17 所示。

1）blocked：后继动作和任务将不被执行，则后继状态也不可达。

2）hidden：当前动作不可观察，而后继动作需要执行，且相应状态可达，则当前动作称为哑动作。

3）enabled：常规的执行动作。

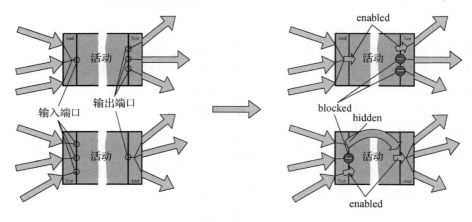

图 2-17　活动端口的数量取决于其合并与分支的配置行为

　　为某个特定语言开发可配置性，有必要识别表示某种动作采用哪种执行方式的模型元素的类型，可配置模型的基本模型元素有活动、使能和步。

　　每个活动的执行都需要前提条件的触发，而在前驱路径中有不同的路径会导致活动执行的合并触发模式。最基本的 3 种合并触发模式是 And-join、Xor-join 和 Or-join，称为输入流端口。动作的触发是通过某种输入流端口进行的，动作执行完后，通过输出弧结束这个特定的案例。与合并触发模型相类似，存在 3 种最基本的输出分支模式：And-split、Xor-split 和 Or-split，动作结束是通过输出流端口进行的，同时会激活跟这个动作相关的输出流的所有路径。

　　因此，这里将动作的端口看作是可配置的模型元素，即如果输入流端口是 enabled，意味着通过这个端口触发这个动作；如果输入流端口是 blocked，说明通过这个输入流端口的动作触发会被阻止，此后的动作及后继动作会被阻隔；如果输入流端口是 hidden，则跳过这个端口所流向的动作直接执行这个动作输出端口所关联的动作。如果一个动作的输出端口是 enabled，则选择这个端口，如果是 blocked，则不选择这个输出端口，这个输出端口所关联的后继动作及端口都会被抑制。

　　使用最小公共集表示所有可能的模型变体，通过激活所有变体（通过使能所有端口）能够包含所有可能的行为。在对可配置模型进行配置时，如果是 blocked，则后继全部移除；如果是 hidden，则隐藏该元素改用箭头代替。

　　通过端口的两种操作带来的问题：使用过多的 blocked，会产生不连通网，使模型有语法错误；使用过多的 hidden，则会产生语义错误，生成不正确的模型。为了避免这种情形，可配置模型不仅要包含基本模型，而且需要一个约束允许配置集的需求集，从而保证语法和语义上的正确性。这里需要将需求转化成模型的端口配置公式，即需求的形式化表示。

　　针对具体的建模语言，在特定需求情形下的可配置化：基本模型使用非可配置的特定建模语言，假定所有端口都是使能的，则保证语法的需求，有可能包含两个明显冲突元素的模型，即语义的错误，从而需对每个端口进行明确的配置规约，只有当所有端口的完整配置满足所有需求时，才能将这个可配置的工作流模型转换成配置后的网。

2. 可配置的 YAWL

　　使用 YAWL 的工作流规约就是一个扩展的 EWF-net 的层次化集合，通过树结构表示任务之间的层次化结构。以旅游预订流程的 YAWL 模型为例，如图 2-18 所示。

　　YAWL 与 EWF-net 之间的关系：EWF-net 是在 WF-net（workflow-net，工作流网模型）的基础上扩充而来的，而 WF-net 又是一种特殊的 Petri 网，从而 YAWL 与 EWF-net 是工作流模型的两种等价的表示方式，因此，需对 EWF-net 进行形式化定义说明，然后应用于 YAWL。

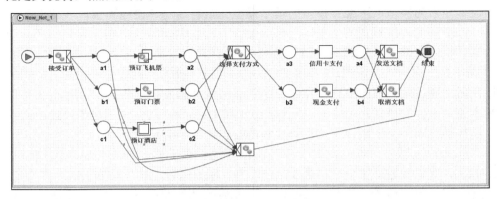

图 2-18　旅游预订流程的 YAWL 模型例子

　　EWF-net 从唯一的输入条件开始并从唯一的输出条件结束，其控制流由任务和条件的托肯决定。合并和分支的 3 种控制模式决定每个任务的前、后行为。

　　取消范围的规约，即通过这个规约可以移除所有托肯；另外，任务能够以多重实例启动的方式进行规约。例如，图 2-18 中，预订飞机票和预订酒店这两个任务，允许多重飞机票和酒店的预订，从而有可能规约任务启动实例数目的上界和下界，也能够规约任务启动的同时创建实例的情形，也可应用于在任务运行时动态增加实例而启动实例的数目小于最大值（上界）的情况。EWF-net 还设置了任务的阈值，这个阈值决定完成整个任务需要完成的实例数目，只要阈值达到，则所有留下的实例将终止。EWF-net 使用的符号如图 2-19 所示。

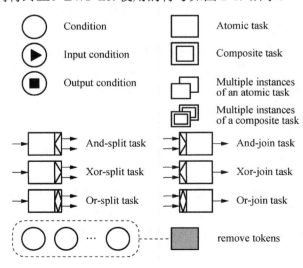

图 2-19　EWF-net 使用的符号

以下是 EWF-net 的一系列的形式化说明。

定义 2-3（EWF-net）　　EWF-net 是一个元组 $(C, i, o, T, F, \text{split}, \text{join}, \text{rem}, \text{nofi})$ 满足：

1）C 是条件集合；

2）$i \in C$ 是输入条件；

3）$o \in C$ 是输出条件；

4）T 是任务集；

5）$F \subseteq (C \setminus \{o\}) \bigcup (T \times C \setminus \{i\}) \bigcup (T \times T)$ 是流关系；

6）在图 $(C \bigcup T, F)$ 中的每个结点是一个从 i 到 o 的有向路径；

7）split：$T \to \{\text{And}, \text{Xor}, \text{Or}\}$ 规约每个任务的分支行为；

8）join：$T \to \{\text{And}, \text{Xor}, \text{Or}\}$ 规约每个任务的合并行为；

9）rem：$T \mapsto \text{IP}(T \bigcup C \setminus \{i, o\})$ 规约任务的取消区域；

10）nofi：$T \mapsto N \times N^{\inf} \times N^{\inf} \times \{\text{dynamic}, \text{static}\}$ 规约每个任务的多重度。

EWF-net 是 Petri 网的扩展，为了防止 EWF-net 中的非结构性出现，需定义可扩展条件集、可扩展流关系集，并增加两个任务之间如果存在关联的隐含条件集，见形式化定义 2-4。

定义 2-4（隐含条件，前集，后集）　　设 $N = (C, i, o, T, F, \text{split}, \text{rem}, \text{nofi})$ 是一个 EWF-net，则 $C^{\text{ext}} = C \bigcup \{c_{(t_1, t_2)} \mid (t_1, t_2) \in F \bigcap (T \times T)\}$ 是一个条件扩展集且 $F^{\text{ext}} = (F \setminus (T \times T)) \bigcup \{(t_1, c_{(t_1, t_2)}) \mid (t_1, t_2) \in F \bigcap (T \times T)\} \bigcap \{(c_{(t_1, t_2)}, t_2) \mid (t_1, t_2) \in F \bigcap (T \times T)\}$ 是扩展流关系。而且，辅助函数 $\bullet_-, {}_-\bullet : (C^{\text{ext}} \bigcup T) \to \text{IP}(C^{\text{ext}} \bigcup T)$ 定义为每个结点分别指派前集和后集。对每个结点，有 $x \in C^{\text{ext}} \bigcup T, {}_\bullet x = \{y \mid (y, x) \in F^{\text{ext}}\}$ 且 $x^\bullet = \{y \mid (x, y) \in F^{\text{ext}}\}$。

EWF-net 中的 split、join、rem 和 nofi 这 4 个函数规约了每个任务的 4 个属性。rem 规约了网络中的某个部分的托肯全部移除，但是事例案例中的输入和输出托肯不能被移除，移除托肯意味放弃这个任务的执行，如果任务是组合任务，移除则意味着任务中所有托肯都移除；nofi 函数规约相关联的多重实例的属性。

定义 2-5（工作流规约）　　工作流规约 S 是一个元组 $(Q^\sigma, Q, \text{top}, T^\sigma, \text{map})$ 满足：

1）Q^σ 是 EWF-net 集合；

2）$\text{top} \in Q^\sigma$ 工作流的顶层；

3）$Q \subseteq \text{IP}(Q^\sigma \setminus \{\text{top}\}), (\bigcup_{\text{NS} \in Q} \text{NS}) = Q^\sigma \setminus \{\text{top}\}, \forall_{\text{NS}_1, \text{NS}_2 \in Q} (\text{NS}_1 \bigcap \text{NS}_2 \neq \varnothing) \Rightarrow \text{NS}_1 = \text{NS}_2$，$Q^\sigma$ 是 EWF-nets 集合的一个划分；

4）$T^\sigma = \bigcup_{N \in Q^\sigma} T_N$ 是所有任务集合；

5）$\forall_{N_1,N_2\in Q^\sigma} N_1 \neq N_2 \Rightarrow (C_{N_1} \bigcup T_{N_1}) \bigcap (C_{N_2} \bigcup T_{N_2}) = \varnothing$；

6）map：$T^\sigma \mapsto Q$ 是一个内射，满射函数，即每个组合任务映射一个 EWF-net 集合；

7）关系 $\{(N_1,N_2)\in Q^\sigma \times Q^\sigma \mid \exists_{t\in\text{dom(map)}}(t\in T_{N_1\wedge N_2\in\text{map}(t)})\}$ 是一个树。

3. 可配置的 EWF-net

由 2.3 节描述可知，设计形成可配置模型语言分 3 个主要步骤，对 EWF-net 亦如此：①设置 EWF-net 中可配置模型元素的识别和定义可配置模型的形式化；②开发满足模型需求和配置的规约语言，并提供模型配置，满足其需求的测试；③整合满足需求的 EWF-net 和 C-EWF-nets 的默认配置。

（1）EWF-net 中可配置元素和它的配置

EWF-net 中的可配置元素主要是通过动作的合并和分支行为进行的，表现为动作的输入端口流和输出端口流，输入端口流为动作使能的前提条件，由 3 种合并模式（And-join、Xor-join、Or-join）决定输入端口流的行为；执行动作后的分支也有相似的行为语义，由 3 种分支模式（And-split、Xor-split、Or-split）决定输出端口流的行为，输出端口流为动作执行后的后置条件集（结果公式集）。

定义 2-6（输入端口） 设 $N=(C,\text{i},\text{o},T,F,\text{split},\text{join},\text{rem},\text{nofi})$ 是一个 EWF-net，则

1）$\text{ports}_{\text{input}}^{\text{Xor}}(N)=\{(t,\{c\}) \mid t\in T \wedge \text{join}(t)=\text{Xor} \wedge c\in {}_\bullet t\}$ 是带有 Xor-join 行为的所有任务输入端口；

2）$\text{ports}_{\text{input}}^{\text{And}}(N)=\{(t,{}_\bullet t) \mid t\in T \wedge \text{join}(t)=\text{And}\}$ 是带有 And-join 行为的所有任务输入端口；

3）$\text{ports}_{\text{input}}^{\text{Or}}(N)=\{(t,{}_\bullet t) \mid t\in T \wedge \text{join}(t)=\text{Or}\}$ 是带有 Or-join 行为的所有任务输入端口；

4）$\text{ports}_{\text{input}}(N)=\text{ports}_{\text{input}}^{\text{Xor}}(N) \bigcup \text{ports}_{\text{input}}^{\text{And}}(N) \bigcup \text{ports}_{\text{input}}^{\text{Or}}(N)$ 是 N 的所有输入端口；

5）对 $t\in T, \text{ports}_{\text{input}(t)}(t)=\text{ports}_{\text{input}}(N) \bigcap (\{t\}\times \text{IP}(C))$ 是任务 t 的所有输入端口。

定义 2-7（输出端口） 设 $N=(C,\text{i},\text{o},T,F,\text{split},\text{join},\text{rem},\text{nofi})$ 是一个 EWF-net，则

1）$\text{ports}_{\text{output}}^{\text{Xor}}(N)=\{(t,\{c\}) \mid t\in T \wedge \text{split}(t)=\text{Xor} \wedge c\in t_\bullet\}$ 是带有 Xor-split 行为的所有任务输出端口；

2）$\text{ports}_{\text{output}}^{\text{And}}(N)=\{(t,t_\bullet) \mid t\in T \wedge \text{split}(t)=\text{And}\}$ 是带有 And-split 行为的所有任务输出端口；

3）$\text{ports}_{\text{output}}^{\text{Or}}(N) = \{(t, {}_\bullet t) \mid t \in T \wedge \text{split}(t) = \text{Or}\}$ 是带有 Or-split 行为的所有任务输出端口；

4）$\text{ports}_{\text{output}}(N) = \text{ports}_{\text{output}}^{\text{Xor}}(N) \bigcup \text{ports}_{\text{output}}^{\text{And}}(N) \bigcup \text{ports}_{\text{output}}^{\text{Or}}(N)$ 是 N 的所有输出端口；

5）对 $t \in T$，$\text{ports}_{\text{output}(t)}(t) = \text{ports}_{\text{output}}(N) \bigcap (\{t\} \times \text{IP}(C))$ 是任务 t 的所有输出端口。

定义 2-8（取消端口）　设 $N = (C, \text{i}, \text{o}, T, F, \text{split}, \text{join}, \text{rem}, \text{nofi})$ 是一个 EWF-net，则 $\text{ports}_{\text{cancel}}(N) = \text{dom}(\text{rem})$ 是 N 的所有取消端口。

对取消端口的配置处理与单个任务的处理相似，下面详细讨论任务的多重实例启动的情形，事实上是用单个任务组合多个动作。

在配置时，使用 4 种配置函数来形式化描述 4 种配置类型，配置函数将描述的配置选择指派给 EWF-net 的端口，这 4 种函数是偏序函数。

定义 2-9（配置）　设 $N = (C, \text{i}, \text{o}, T, F, \text{split}, \text{join}, \text{rem}, \text{nofi})$ 是一个 EWF-net，$\text{ports}_{\text{input}}(N)$ 是 N 的所有输入端口，$\text{ports}_{\text{output}}(N)$ 是 N 的所有输出端口，则 $\text{conf}_N = (\text{conf}_{\text{input}}, \text{conf}_{\text{output}}, \text{conf}_{\text{rem}}, \text{conf}_{\text{nofi}})$ 是 N 的一个配置，则

1）$\text{conf}_{\text{input}}$ 定义为任务输入端口配置偏序函数：
$$\text{conf}_{\text{input}} : \text{ports}_{\text{input}}(N) \mapsto \{\text{enabled}, \text{blocked}, \text{hidden}\}$$

2）$\text{conf}_{\text{output}}$ 定义为任务输出端口配置偏序函数：
$$\text{conf}_{\text{output}} : \text{ports}_{\text{output}}(N) \mapsto \{\text{enabled}, \text{blocked}\}$$

3）conf_{rem} 定义为任务取消端口配置偏序函数：
$$\text{conf}_{\text{rem}} : \text{ports}_{\text{rem}}(N) \mapsto \{\text{enabled}, \text{blocked}\}$$

4）$\text{conf}_{\text{nofi}}$ 定义为多重任务配置偏序函数：
$$\text{conf}_{\text{nofi}} : \text{dom}(\text{nofi}) \mapsto (\text{IN}^{\text{o}} \times N^{\text{o}} \times N^{\text{o}, \text{inf}} \times \{\text{restrict}, \text{keep}\})$$
使得对所有的 $t \in \text{dom}(\text{conf}_{\text{nofi}}) : (\text{conf}_{\text{nofi}}(t) = (\text{min}, \text{max}, \text{thres}, \text{dyn})$ 且 $\pi_1(\text{nofi}(t)) + \text{min} \leqslant \pi_2(\text{nofi}(t)) - \text{max})$，则 N 的配置 conf_N 是完全的，当且仅当

1）$\text{dom}(\text{conf}_{\text{input}}) = \text{ports}_{\text{input}}(N)$；

2）$\text{dom}(\text{conf}_{\text{output}}) = \text{ports}_{\text{output}}(N)$；

3）$\text{dom}(\text{conf}_{\text{rem}}) = \text{ports}_{\text{cancel}}(N)$；

4）$\text{dom}(\text{conf}_{\text{nofi}}) = \text{dom}(\text{nofi})$。

定义 2-10（组合配置）　设 $N = (C, \text{i}, \text{o}, T, F, \text{split}, \text{join}, \text{rem}, \text{nofi})$ 是一个 EWF 网，并设 $\text{conf}_{N,1} = (\text{conf}_{\text{input},1}, \text{conf}_{\text{output},1}, \text{conf}_{\text{rem},1}, \text{conf}_{\text{nofi},1})$ 且 $\text{conf}_{N,2} = (\text{conf}_{\text{input},2}, \text{conf}_{\text{output},2}, \text{conf}_{\text{rem},2}, \text{conf}_{\text{nofi},2})$ 是 N 的两个配置，则由 $\text{conf}_{N,1}$ 和 $\text{conf}_{N,2}$ 组合生成新的配置

$\text{conf}_{N,3} = (\text{conf}_{\text{input},3}, \text{conf}_{\text{output},3}, \text{conf}_{\text{rem},3}, \text{conf}_{\text{nofi},3})$，这里，

$$\text{dom}(\text{conf}_{\text{input},3}) = \text{dom}(\text{conf}_{\text{input},1}) \bigcup \text{dom}(\text{conf}_{\text{input},2})$$

且

$$\forall_{p \in \text{dom}(\text{conf}_{\text{input},1})} \text{conf}_{\text{input},3}(p) = \text{conf}_{\text{input},1}(p),$$

$$\forall_{p \in \text{dom}(\text{conf}_{\text{input},2}) \backslash \text{dom}(\text{conf}_{\text{input},1})} \text{conf}_{\text{input},3}(p) = \text{conf}_{\text{input},2}(p)$$

$$\text{dom}(\text{conf}_{\text{output},3}) = \text{dom}(\text{conf}_{\text{output},1}) \bigcup \text{dom}(\text{conf}_{\text{output},2})$$

且

$$\forall_{p \in \text{dom}(\text{conf}_{\text{output},1})} \text{conf}_{\text{output},3}(p) = \text{conf}_{\text{output},1}(p),$$

$$\forall_{p \in \text{dom}(\text{conf}_{\text{output},2}) \backslash \text{dom}(\text{conf}_{\text{output},1})} \text{conf}_{\text{output},3}(p) = \text{conf}_{\text{output},2}(p)$$

$$\text{dom}(\text{conf}_{\text{rem},3}) = \text{dom}(\text{conf}_{\text{rem},1}) \bigcup \text{dom}(\text{conf}_{\text{rem},2})$$

且

$$\forall_{t \in \text{dom}(\text{conf}_{\text{rem},1})} \text{conf}_{\text{rem},3}(t) = \text{conf}_{\text{rem},1}(t),$$

$$\forall_{t \in \text{dom}(\text{conf}_{\text{rem},2}) \backslash \text{dom}(\text{conf}_{\text{rem},1})} \text{conf}_{\text{rem},3}(t) = \text{conf}_{\text{rem},2}(t)$$

$$\text{dom}(\text{conf}_{\text{nofi},3}) = \text{dom}(\text{conf}_{\text{nofi},1}) \bigcup \text{dom}(\text{conf}_{\text{nofi},2})$$

且

$$\forall_{t \in \text{dom}(\text{conf}_{\text{nofi},1})} \text{conf}_{\text{nofi},3}(t) = \text{conf}_{\text{nofi},1}(t),$$

$$\forall_{t \in \text{dom}(\text{conf}_{\text{nofi},2}) \backslash \text{dom}(\text{conf}_{\text{nofi},1})} \text{conf}_{\text{nofi},3}(p) = \text{conf}_{\text{nofi},2}(p)$$

（2）需求规约和有效配置

到目前为止，由于每个任务能够进行所有描述刻面的配置，因此，提供的定义的配置机会有限，通过配置和组合配置不一定能够保证所有配置在实践中灵活有效。例如，图 2-20 中必须保证接受订单（receive order）任务能够被执行，因此其输入端口必须配置为使能。同样必须保证如果顾客已经支付旅游费用，则支付文档要么送给客户，要么客户能够收集到（用逻辑公式表示 LTL），也就意味着发送文档（send documents）和取消文档（cancel document）的任务至少有一种支付方式作为它们的输入端口是使能的，换言之，只要顾客在选择支付方式（select payment method）任务中选择相关的支付方式，就不能阻塞信用卡支付（credit card payment）或现金支付（cash payment）的输入端口。然而，案例有可能在 a3 和 b3 条件产生死锁，所以在个性化端口的配置选择时存在严格的约束依赖条件。使用逻辑表达式对这种配置选择的依赖和约束进行公式化表示，这种通过公共逻辑操作符和量词表示的逻辑表达式组合了 EWF-net 中的单个元素的配置需求（即原子需求）。如果接受订单（receive order）任务输入端口激活需求的逻辑表达式为 (input,("receive order",{i}),enabled)，则确定了总体需求和特定需求之间的关系，

总体需求是指一个群体的需求，主要是保证良构网的构建是独立于具体内容的；而特定需求是保持一个特定的网，它是由内容驱动的。EWF-net 中的每个任务都使能，则要求这个任务至少有一个输入端口使能或隐藏，且必须保证至少有一个输出端口能够使能或隐藏，这就是一个总体需求，用逻辑表达式表示如下：

$$\forall t \in T : (\exists_{p \in \text{ports}_{\text{input}}(t)}(\text{input},p,\text{activated}) \vee (\text{input},p,\text{hidden}))$$

$$\Rightarrow (\exists_{p \in \text{ports}_{\text{input}}(t)}(\text{input},p,\text{activated}))$$

反之，如果任务的所有输入端口被阻塞，则总体需求逻辑表达式如下：

$$\forall t \in T : (\exists_{p \in \text{ports}_{\text{input}}(t)}(\text{input}, p, \text{blocked})) \Rightarrow (\exists_{p \in \text{ports}_{\text{output}}(t)}(\text{output}, p, \text{blocked}))$$

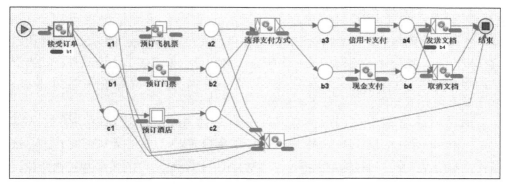

（a）旅行社流程模型

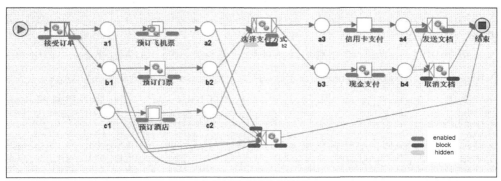

（b）网络商店流程模型

图 2-20　从图 2-19 中配置满足个性化需求的流程模型

前面两种流程模型是对任务的总体需求，而对条件（condition）也同样有总体需求，条件的需求是通过里面的托肯来表示的，例如，为保证一个托肯能够通过流程模型网络，则要求流入某个条件的托肯必须能够从这个条件中流出（除非是终止条件），从而至少会引起一个端口的激活，逻辑表达式如下：

$$\forall c \in (C \setminus \{o\}) : (\exists_{(t_1, cs_1) \in \text{ports}_{\text{output}}} c \in cs_1 \wedge (\text{output}, (t_1, cs_1), \text{activated}))$$

$$\Rightarrow (\exists_{(t_2, cs_2) \in \text{ports}_{\text{input}}} c \in cs_2 \wedge (\text{input}, (t_2, cs_2), \text{activated}) \vee (\text{input}, (t_2, cs_2), \text{hidden}))$$

可以得出结论，如果配置完全满足对 EWF-net 的所有配置需求（所有需求能够评价为真），则认为一个完整配置对 EWF-net 是有效的，见形式化定义 2-11。

定义 2-11（有效配置） 设 $N = (C, i, o, T, F, \text{split}, \text{join}, \text{rem}, \text{nofi})$ 是一个 EWF-net，req_N 是施加于 N 上的所有原子需求集合，req 是 req_N 的布尔表达式。当使用 conf_N 的值计算 req 中的原子需求时，若 req 值为真，则称 N 上的一个配置 conf_N 是有效的。

4. 可配置工作流规约

工作流规约是通过 WEF-net 的任务映射到其他的 EWF-net 的方法。层次化组合 EWF-net，实际上是将网中的一个任务映射到一个相应的工作流网片（相当于子流程）。如果一个组合任务被触发，则相应的工作流网片会被选择初始化并执行。本小节简单介绍怎样将组合任务映射到工作流网片的过程。

在工作流规约中，EWF-net 的每个组合任务 $t_{\text{composite}}$ 通过映射函数（如 $NS_{t_{\text{composite}}} = map(t_{\text{composite}})$）映射到 EWF-net 的集合 $NS_{t_{\text{composite}}}$ 中。无论何时 $t_{\text{composite}}$ 被激活，都会从 $NS_{t_{\text{composite}}}$ 网集中选择一个 EWF-net 作为 $t_{\text{composite}}$ 的实现并被初始化。当选择的 EWF-net 信号完成时，任务 $t_{\text{composite}}$ 随即完成。也就是说，任务与 EWF-net 之间的映射决定网中的控制流，因而，这种映射提供可配置工作流规约中的配置机会。

每个 EWF-net 都有唯一能被激活的输入条件，因而，前驱任务 $t_{\text{composite}}$ 和一个实现的 EWF-net 输入条件之间的接口表示实现 EWF-net 中活动的独特输入流端口。若输入流端口配置为"blocked"，则特定的 EWF-net 在运行时未能激活；相反，则 $NS_{t_{\text{composite}}}$ 中另外一个 EWF-net 被选择执行配置成"activated"或"hidden"，这些网能够在 YAWL 选择并被激活。如图 2-21 所示，在 EWF-net 中，有"hidden"输入流的端口必须完全跳过，原因是这种 EWF-net 用"哑"EWF-net 替代，这里的 τ 任务表示相关原始网中被跳过的动作。

图 2-21　被隐藏网替代的"哑"网

5. 从 C-YAWL 到 YAWL

将 C-YAWL 转换成 YAWL，然后通过 YAWL 工作流引擎执行，实际上是将

C-EWF 转换成 EWF-net。这里，一项任务很容易映射到一个 EWF-net，然后通过这个 EWF-net 的组合选择实现 EWF-net 的配置，需定义文件格式保持 EWF-net 的配置。对 YAWL 引擎来说，就是用 XML 存储 YAWL 工作流规约，然后通过对 XML 规范的配置选择扩展 XML 规范，再提出一个算法将配置信息进行转换，通过配置信息将基本模型中不需要的元素移除。

2.5.2 C-EPC 和 C-iEPC

一个业务流程建模语言的配置表示第二层的决策制订，因此，需要从流程执行时制订的决策区分和识别出来。为证实这些，我们基于 EPC 开发出一种具体的语言以支持这些配置决策。C-EPC 是由 EPC 通过增加流程配置决策扩展而来的。可配置功能和可配置连接器在传统 EPC 中用加粗表示。可配置功能在配置后的模型中可以配置为包含、跳过或选择性跳过，可配置连接器能够约束其路由选择子集。一个可配置的 Or 连接器可以配置成 And 连接器、Xor 连接器或 Seq 连接器，一个 Xor 连接器根据需要可配置成序列，而 And 连接器只能配置成 And 连接器，如表 2-1[11]所示。

表 2-1　连接器的配置约束（X 代表可配置）

配置	连接器			
	Or	Xor	And	Seq
Or^c	X	X	X	X
Xor^c	—	X	X	X
And^c	—	—	X	—

与 C-YAWL 一样，在配置 C-EPC 中，如果将一个功能关闭，则这个配置决策可能会受到配置需求的约束，因而，需求能保证有效配置的生成。另外，这些配置需求也有可能增加指导，这些指导跟配置需求一样描述，但只是推荐而非强迫使用。总的来说，C-EPC 支持可配置流程建模语言的 3 个方面：隐藏行为、阻隔行为和通过流程约束（如需求等）强制实施有效配置。对 C-EPC 进行角色和对象扩展，称为 C-iEPC，支持跟任务相关的角色和对象可变点[52-57]。

本 章 小 结

本章重点给出了可配置业务流程的概念、机制和原理，概述了流程重用和自适应等业务流程中的核心理论，然后给出几种典型的可配置业务流程建模语言，如 C-EPC、C-YAWL 等，并对可配置业务流程建模语言与普通业务流程建模之间的转换做了简要说明，如 C-YAWL 转换成 YAWL 等。

第3章 构建可配置流程模型

一个整合业务流程各种变体行为的流程模型是任何可配置业务流程模型的基础。通过配置能够从这个基础流程模型中派生出不同的流程变体。因此，本章主要讨论如何将多个不同的流程变体整合成单一的基础流程模型。通常，通过可配置流程模型表示的流程是一个大而全并且自主可控的业务流程族。由于这种流程族模型是从最佳流程实践中派生出的可配置模型，这意味着当一个可配置流程模型被构建，流程的不同变体已经在不同的组织之间得到应用和操作，如第6章中我们开发的基于不同市政的特定流程信息的可配置流程模型。这个基础的流程模型需要整合这些流程变体中的可变特征。因此，构建可配置业务流程模型可有效获取最佳实践，得出流程变体的有用信息。

用IT系统可生成扩展协议及日志文件，数据和流程挖掘技术已经广泛应用于研究和实践，使得研究者们能够从事件日志文件中通过分析、挖掘得到一个流程行为的固定信息，也即可以使用数据和流程挖掘技术从各种不同系统中的日志文件派生出可配置流程模型。

图3-1解释了这种方法。首先，必须过滤掉不同系统中可用日志中的无关内容，并将不同日志文件中的名字做一个约定。然后，利用流程挖掘技术为个性化系统创建流程模型，并为所有系统构建正确的流程模型，如整合各种流程变体。

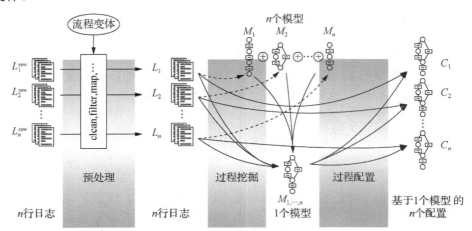

图3-1 派生出基本流程模型和它的配置

除了日志文件，设计流程者建立良好的有用信息及运行良好的流程变体都包括在流程模型或流程的特定化工作流中，如将现有流程模型编制在特定业务流程中。在这种情况下，可以从这些模型中直接构建可配置模型的基础流程模型，而不是从含有噪声的日志文件中挖掘这样的模型，这种模型的质量取决于挖掘算法。因此，可配置业务流程模型是通过合并优质模型而构建的。

可配置流程模型的构建并不仅是模型的直接执行，还是相应配置变体的执行，很显然，好的配置很容易构建基础流程模型。因此，本章叙述了用基础流程模型创建可配置流程模型的原始流程。

3.1　从事件日志中生成可配置流程模型

我们假定构建可配置流程模型的有效输入是日志文件，由于当前系统在所有应用领域中的可扩展性，这些日志文件包含执行业务流程有效的详细信息。大多数 IT 系统通常是将事件写入日志文件以记录系统执行时的功能，这些功能随着系统或数据的改变而改变，使系统活性不断更新，如大多数 Web 服务将每个包含访问时间信息的单个请求进行登记。

流程挖掘技术用于开发日志文件表示的行为模型。我们的目标是使用这些挖掘技术去发现可配置流程模型的基础模型。这意味着我们能够发现基于多重系统日志文件流程不同变体的流程模型。

流程挖掘将真实世界的日志文件分为两个阶段：第一阶段，日志文件是未经处理的，如输入的日志文件可为流程挖掘算法优化做准备；第二阶段，从未处理的日志文件中生成流程模型。多数技术应用于这两个阶段。

3.1.1　处理前的日志文件

当前大多数 IT 系统记录执行行为时并没有一个标准的信息日志，而是使用自己的格式。为了能够应用流程挖掘算法，需要一个通用的格式，这里我们定义一种挖掘的 XML（MXML）格式作为这种通用格式。将所有的 IT 系统的日志输出格式转换成 MXML 格式，则所有挖掘算法都可使用这种格式的文件作为输入，整合识别过程都是自动的（图 3-1）。对于主要的流程感知信息系统，这种转换在 ProM import 框架中实现。因此，我们假定接下来的文件格式都是 MXML 的。

例如，以旅游请求为例，下面程序显示的是 MXML 日志文件的一个抽象，它表示的是包含一个旅游请求流程日志的工作流日志。流程的日志记录流程实例的活动信息。每个审计记录整合一个特定任务执行的信息，包括日志的收集、日志的无特征化、日志的平衡及日志的本体对齐 4 个阶段。

用 MXML 表示的日志文件如下：

```xml
<?xml version='1.0' encoding='UTF-8'?>
<server xmlns="urn:jboss:domain:5.0">
    <extensions>
        <extension module="org.jboss.as.clustering.infinispan"/>
        <extension module="org.jboss.as.connector"/>
        <extension module="org.jboss.as.deployment-scanner"/>
        <extension module="org.jboss.as.ee"/>
        <extension module="org.jboss.as.ejb3"/>
        <extension module="org.jboss.as.jaxrs"/>
        <extension module="org.jboss.as.jdr"/>
        <extension module="org.jboss.as.jmx"/>
        <extension module="org.jboss.as.jpa"/>
        <extension module="org.jboss.as.jsf"/>
        <extension module="org.jboss.as.logging"/>
        <extension module="org.jboss.as.mail"/>
        <extension module="org.jboss.as.naming"/>
        <extension module="org.jboss.as.pojo"/>
        <extension module="org.jboss.as.remoting"/>
        <extension module="org.jboss.as.sar"/>
        <extension module="org.jboss.as.security"/>
        <extension module="org.jboss.as.transactions"/>
        <extension module="org.jboss.as.webservices"/>
        <extension module="org.jboss.as.weld"/>
        <extension module="org.wildfly.extension.batch.jberet"/>
        <extension module="org.wildfly.extension.bean-validation"/>
        <extension module="org.wildfly.extension.core-management"/>
        <extension module="org.wildfly.extension.elytron"/>
        <extension module="org.wildfly.extension.io"/>
        <extension module="org.wildfly.extension.request-
        controller"/>
        <extension module="org.wildfly.extension.security.
        manager"/>
        <extension module="org.wildfly.extension.undertow"/>
    </extensions>
```

```xml
<management>
    <security-realms>
        <security-realm name="ManagementRealm">
            <authentication>
                <local default-user="$local" skip-group-
                loading="true"/>
                <properties path="mgmt-users.properties"
                relative-to="jboss.server.config.dir"/>
            </authentication>
            <authorization map-groups-to-roles="false">
                <properties path="mgmt-groups.properties"
                relative-to="jboss.server.config.dir"/>
            </authorization>
        </security-realm>
        <security-realm name="ApplicationRealm">
            <server-identities>
                <ssl>
                    <keystore path="application.keystore"
                    relative-to="jboss.server.config.dir"
                    keystore-password="password" alias=
                    "server" key-password="password"
                    generate-self-signed-certificate-
                    host="localhost"/></ssl>
            </server-identities>
            <authentication>
                <local default-user="$local" allowed-
                users="*" skip-group-loading="true"/>
                <properties path="users.properties"
                relative-to="jboss.server.config.dir"/>
            </authentication>
            <authorization>
                <properties path="roles.properties"
                relative-to="jboss.server.config.dir"/>
            </authorization>
        </security-realm>
    </security-realms>
    <audit-log>
        <formatters>
```

```
                <json-formatter name="json-formatter"/>
            </formatters>
            <handlers>
                <file-handler name="file" formatter="json-
                formatter" path="audit-log.log" relative-to=
                "jboss.server.data.dir"/>
            </handlers>
            <logger log-boot="true" log-read-only="false"
            enabled="false">
                <handlers>
                    <handler name="file"/>
                </handlers>
            </logger>
        </audit-log>
        <management-interfaces>
            <http-interface security-realm="ManagementRealm">
                <http-upgrade enabled="true"/>
                <socket-binding http="management-http"/>
            </http-interface>
        </management-interfaces>
        <access-control provider="simple">
            <role-mapping>
                <role name="SuperUser">
                    <include>
                        <user name="$local"/>
                    </include>
                </role>
            </role-mapping>
        </access-control>
    </management>
```

1）为生成一个可配置流程模型，系统从各种运行中收集日志文件是非常重要的，这个过程的源数据选择取决于创建模型的目标。如果模型表示的是分布式软件的配置选择，则在不同国家或地区软件成功运行的各种不同网站会提供一个很好的数据基础；如果模型表示的是一个特定流程的成功例子，则由不同应用支持的各种流程的成功实现能够为流程挖掘提供一个很好的基础。总的来说，使用中的日志文件资源会广泛覆盖目标，且模型的所有方法都会被创建。

2）日志文件中的数据必须是无特征化的。日志文件通常包括大量的个性化数据。例如，在程序中，我们可以看到在准备旅游表格时，这些信息是机密的并且这些数据的使用在某些国家都是通过隐私和法规严格保护的。随着可配置流程模型逐步被其他人重用，在模型中保留非个人化的信息将会非常重要。因此，这些信息对竞争者敏感度很高，以至于无法看到各种配置中哪些流程会执行。因此，应该在得到所有数据之前消除个性化的信息。

3）日志文件的级别必须在不同输入日志文件中进行平衡，并调整到通过聚合日志事件形成的结果模型中。然而，生成的模型会与不同流程分支有不一致的地方。为平衡这种不一致，可以采用本体描述。因而，这两种单一日志事件能够映射到本体一致水平。

4）本体概念很难在不同资源中应用，它必须保证不同日志文件资源中的日志事件跟本体对应。可以使用公共本体对这些细节进行调整。

这里，我们主要聚焦于不同业务流程活动的日志文件中派生出的控制流。为了方便讨论日志文件是否能够反映事件的轨迹，我们从日志文件中抽取一些细节信息，如执行时间、数据和任务执行的发起者。每个事件轨迹都是一个简单的日志事件标识符的有序集。每个日志事件标识符就是区分每个执行活动的名字所表示的特定活动执行的日志事件，但会忽略一些无关的信息。

定义 3-1（日志文件）　　$\text{LOG} \in \text{IB}(I^*)$ 是一个日志文件（如事件轨迹的多重集），使得：

1）I 是日志事件标识集；

2）I^* 是所有可能事件轨迹的集合，如 $\langle e_1, \cdots, e_n \rangle \in I^*$；

3）事件 $I^* \to \text{IP}(I)$ 定义一个函数，即事件 $(\langle e_1, \cdots, e_n \rangle) = \{e_1, \cdots, e_n\}$ 所有日志事件标识符是一个轨迹 $\langle e_1, \cdots, e_n \rangle$；

4）$\Gamma = \text{IB}(I^*)$ 是所有日志文件集。

3.1.2　挖掘基础流程模型

流程挖掘技术的开发主要用于帮助流程分析者对流程执行进行决策、存档或改善，也即流程挖掘技术用于获取业务流程更深层次的价值。

尽管可配置流程模型是从运作良好的系统行为中派生出来的，但这并不意味着这些流程是被用来准确描述执行行为的模型所记录的。例如，通过 SAP 参考模型来转换模型本该是高质量的可执行的流程模型，但 Mendling 等[48]发现这些模型中很大一部分包含着使这些模型不可执行的错误，因此，这些模型几乎不能描述由 SAP 系统成功执行的行为。

流程挖掘算法是在预处理日志文件中发现重复出现的模式，如作为软件系统在问题描述和概括整体执行过程中的流程行为轨迹（图 3-2）。简言之，一个流程挖掘算法可分析日志文件进行案例的事件追踪，如流程实体。然后通过分析和比较这些追踪中的事件构建流程模型。在模型中，每个日志事件映射一个相关任务，如果这个相关任务能够对每一个在事件轨迹中出现的事件从任务相关的前驱日志事件中可达，则算法可将前述派生出的模型检测出来。

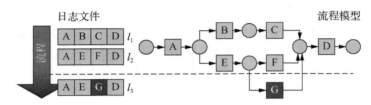

图 3-2　由日志文件增加决策的流程挖掘算法

定义 3-2（挖掘算法）　　挖掘算法是将日志文件映射到一个工作流网：$\alpha : \Gamma \rightarrow \Delta$。

每个日志文件 $\mathrm{LOG}_i \in \Gamma$ 用来产生参考模型，流程挖掘算法通过日志文件生成流程模型 $\mathrm{WF}_i = \alpha(\mathrm{LOG}_i)$，用于描述日志文件的原始系统行为（图 3-3）。

传统上，一个挖掘算法可以实现从一个系统的日志文件派生出一个业务流程模型，如果多重日志文件是有效的，则能够为这个系统生成一个流程模型家族。因此，这里我们主要考虑多重系统的流程模型。

流程挖掘算法能够直接应用于所有有效日志文件的整合模型的生成，如我们把所有的日志文件 $\mathrm{LOG}_i \in \Gamma^{\mathrm{prep}}$ 连接到一个单一日志文件 $\mathrm{LOG}_{1,\cdots,n} = \bigcup\limits_{i=1,\cdots,n} \mathrm{LOG}_i$，则流程挖掘算法对每个连接的日志文件仍然适用。由于在预处理过程中对事件名字的校准操作，算法能够识别哪个日志事件属于相应的事件类并匹配它们。算法可处理更多的流程实例并创建一个对所有实例都有效的流程模型 $\mathrm{WF}_{1,\cdots,n} = \alpha(\mathrm{LOG}_{1,\cdots,n})$。

在不同系统中可能会有某个系统流程中的执行步骤略过其他系统。在这种情形下，流程挖掘算法在生成的流程模型中必须能够引入任务跳过的流程扭转机制，这里是通过增加不可见任务或哑任务代替跳过操作。不可见任务允许随任何事件无关的状态改变，因此，不会代表真实的行为。

当一个流程模型被配置后，它可能希望派生出的流程模型并不完全与应用于可配置流程的某个系统行为相符。相反，可能有必要组合不同系统的不同方面。这就要求所使用的流程挖掘算法要与输入系统的行为非常相似。大多数流程挖掘算法能达到这种要求并能够在本地事件分析做出选择，同时也可能忽略本地事件直接依赖之间的选择。通过忽略这种非本地依赖，可使结果流程模型只出现在流程实例的子集中。

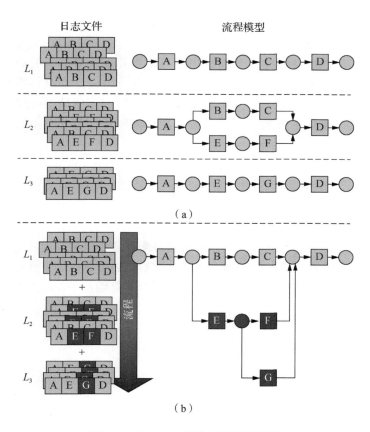

图 3-3　由日志文件生成的流程模型

3.2　合并流程模型

通常，流程模型作为开发的可配置流程模型的基础，其流程实现是有效的。如果模型精确地表述了流程，则手工或自动校准和合并高质量模型得到的基础流程模型能够比流程挖掘算法得到的基础流程模型更准确。在图 3-3 中，在合并各个系统行为的流程模型时，合并后的单一流程模型 $M_{1,\cdots,n}^{+} = M_1 \oplus M_2 \oplus \cdots \oplus M_n$ 表示了所有单个流程模型的行为，如所有流程变体的基础模型。

在大多数的流程挖掘算法中，能够自动合并的业务流程是很少的。一方面，有些流程挖掘算法会因流程模型的不同而不一致，因此，在合并相似的日志文件预处理时需要预校准。另一方面，合并流程的完整实现依赖每个需要合并流程的目标，这意味着，这样的实现依赖不同模型需要保留的隐含应用，并且在合并过程中不会很困难。

这里的主要目标是能够在可配置流程模型中用这种模型作为基础流程模型。因此，我们的目标是将多个流程模型自动合并成一个单一的流程模型，这个新流程模型的行为至少表达了每个原始流程的行为。这个流程模型的行为能够对流程配置进行约束，我们并不关注是否有在初始流程并不可能出现而在新流程模型中变得可能的行为，以及是否有新流程模型会出现更多的子流程并不具备的流程行为。

本　章　小　结

本章首先介绍了如何从事件日志中构建可配置业务流程的步骤与方法，主要包括处理日志文件及日志文件的形式定义，然后概述了从日志文件挖掘基础业务流程模型的概念及挖掘算法，最后阐述了如何合并基础业务流程及其相应的合并算法等。

第4章 按需服务的可配置业务流程模型

本章主要介绍基于角色和目标的可配置业务流程模型的约束分析方法，利用因果网（C-net）反映活动之间的因果依赖关系，基于角色—目标—过程—服务（role-goal-process-service，RGPS）元模型构架，引入角色和目标对业务流程活动的约束，提出一种基于 RGPS 着色的可配置业务流程，从而在业务流程可变性配置过程中分析角色和目标的约束关系，更好地反映业务流程对用户提供的个性化需求。

4.1 引　　言

互联网、大数据和云计算技术的快速发展[1,3,5,19,20,54,55,58]及业务流程管理技术的加速变化[2,19,22,58]，促使企业向共享公共的业务流程趋势转变，从而使带有公共业务流程的模型通过个性化配置操作获取满足用户需求的特定业务流程。交错协调的企业中的业务流程模型指的是在云架构中通过定制执行的特定相似业务流程变体。云计算将会改变业务流程的管理和支持方式，越来越多的企业将会共享公共流程。如果在传统方式设置环境下使用软件制品，不同企业能够以专用的方式定制使用系统以满足企业的需求，这是不可取的，特别是当多个企业共享一个云架构时[15]。多租户流程是运行在云架构中相同流程中的组织化变体，典型的例子是 Salesforce①（多个企业的销售流程都是通过这个平台进行管理和支持的）和Easychair②（国际会议投稿系统）。它们的共同特点：一方面这些企业共享一个云架构（流程、数据库等）；另一方面它们可以根据需求对相同流程进行配置，以获取流程变体。也就是说，它们既要共享功能和流程，同时还需提供多个可变的情形。可配置流程模型表达了一个流程模型的家族，可通过配置使用行为约束满足特定企业的需求。可配置业务流程模型将改变企业的共享公共业务流程的模型，即以可控的方式使共享成为可能。这种业务流程模型表达的是一个业务流程模型族（即多个一般业务流程的综合），从而使企业可以根据用户需求进行相应业务流程的配置操作，进而约束用户对业务流程的运行行为，以满足特定用户个性化的

---

① http://www.salesforce.com/cn/?ir=1.

② http://easychair.org/.

需求。因此，可配置业务流程模型对用户的个性化和公共特征的建模研究是当前云计算技术中的热点领域。

最近几年，可配置业务流程模型主要是通过对传统的参考模型进行可变点的设计和配置操作而形成的流程模型族，这个模型族整合了领域的共性和个性化需求。传统的参考模型（SAP）[8]是由设计分析者按经验完成的。在应用过程中，不同业务流程的变体会整合到参考业务流程模型中，并且能够灵活配置选择，但是传统的参考业务流程模型及其业务流程建模如 EPC、YAWL[29,56,57]等都不能支持业务流程变体进行可变特征的配置选择，即传统的参考业务流程模型仅关注业务流程的公共特征，而缺少其可变特征的配置决策。可配置业务流程模型就是为解决传统模型的这种不足而提出的。

Aalst 等提出了反映流程模型中活动间因果依赖关系的 C-net（因果网）模型，C-net[14,15,59-61]作为新的形式方法以简单联合操作符将变体合并到一个可配置模型中，同时也为流程挖掘提供了良好的表征偏向，如基于事件日志的过程发现和合规检查，因此，在云计算环境中，主要聚焦于 C-net 在跨组织流程挖掘中的应用。因为 C-net 表示的因果关系的业务流程模型只从控制流视角考虑业务流程的执行行为，并未考虑业务流程模型中的数据视角、资源视角等要素，所以在 C-net 模型的基础上，以 RGPS 元模型为指导，提出了在角色&目标（role & goal，R&G）约束下的可配置业务流程。在流程中使用表单（记为 form）记载活动执行时的角色和目标，此表单可以在 RGPS 元模型的指导下对 C-net 模型中的活动执行进行约束，从而有效指导业务流程可变性配置管理等操作。

4.2　按需服务 RGPS 元模型框架

RGPS 语义元模型框架（简称 RGPS 元模型）[62,63]是一种面向服务的软件需求建模框架，该框架利用本体元建模的思想[64]，对面向服务的需求建模中的 4 个要素进行了定义。事实上，RGPS 元模型框架涵盖服务内容标签、语义化基本矢量、服务语义互操作性管理与组织，以及按需服务选择方法，2007 年以来已被 ISO/IEC JTC1/SC32 全面采纳，其核心技术已被批准为 ISO/IEC 19763-3、ISO/IEC 19763-5、ISO/IEC 19763-7、ISO/IEC 19763-8、ISO/IEC 19763-9 等国际标准系列。其中，R 表示某个软件服务系统中参与者所扮演的角色；G 表示该服务系统需要实现的目标；P 表示完成该目标的流程，即该系统的目标怎样实现；S 表示实现该流程的服务，即用什么来实现。

RGPS 元模型框架分别由 4 个元模型构成，该元模型框架不仅能够指导领域专家构建领域模型，还可以利用领域模型库中的领域资产为后期的需求分析及服务推荐提供指导。RGPS 元模型框架是在面向服务的软件工程研究中，针对以服务软件的需求建模提出的一种指导性方法。在 RGPS 元模型框架中主要利用角色、目标、流程和服务来刻画服务软件用户需求的意图，以构建用户的需求模型为目的，为后续推荐合适的服务软件奠定基础。RGPS 元模型框架描述中涵盖了角色层（R）、目标层（G）、流程层（P）和服务层（S），并在这 4 个层次间建立了相应的语义关联关系。利用这 4 个层次元模型之间的语义关联[65]，可为服务需求模型之间的语义互操作提供有力的支撑。基于 RGPS 元模型框架的需求建模过程从需求问题域空间的组织结构分析开始，并且通过层次间的转换和映射，到最后生成增值服务组合和执行流程的解决方案结束。角色层元模型主要描述需求问题空间中的角色、参与者和组织之间的交互。目标层元模型主要是对用户提出的需求目标进行逐层精化和分解，并确定目标之间的层次关系和约束关系。流程层元模型用来描述达成目标的实现流程，并且定义流程中原子流程和组合流程中的输入/输出、控制结构及前置/后置条件。服务层元模型用来实现流程元模型中流程服务依赖链的构造及其所需资源的聚合，为用户需求提供面向具体选择服务的实现方案。

　　RGPS 语义元模型框架中各要素之间的关联关系如图 4-1 所示（图中*表示一对多的关联），包括 9 种基本的关联关系。

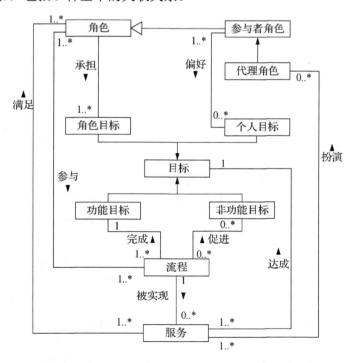

图 4-1　RGPS 语义元模型框架中各要素之间的关联关系

（1）从"角色"出发的关联

1）承担（takesCharge）<角色-目标>。此关系发生在角色和目标之间，角色需要承担与职责对应的目标。

2）偏好（prefers）<角色-目标>。此关系发生在角色和目标之间，用户作为个人扮演参与者角色，根据其自身的特征偏好，具有不同的个性化目标。

3）参与（involves）<角色-流程>。此关系发生在角色和流程之间，用户能够扮演不同的角色对流程进行编制。

（2）从"流程"出发的关联

1）完成（achieves）<流程-目标>。此关系发生在流程和目标之间，流程能够按照一定的规则将资源组织起来完成某个既定目标。

2）促进（contributes）<流程-目标>。此关系发生在流程和目标之间，流程能够促进非功能目标的实现以满足非功能需求。

3）被实现（realizedBy）<流程-服务>。此关系发生在流程和服务之间，通过服务调用能够实现业务流程。

（3）从"服务"出发的关联

1）达成（accomplishes）<服务-目标>。此关系发生在服务和目标之间，调用的服务需要满足用户的既定目标。

2）满足（satisfies）<服务-角色>。此关系发生在服务和角色之间，服务需要满足不同角色的用户需求。

3）扮演（plays）<服务-角色>。此关系发生在服务和角色之间，角色能够由服务来扮演。

4.3　需求元模型约束的可配置业务流程模型架构

Aalst 等提出使用 C-net 作为支持多用户业务流程变体分析的形式化方法与主流的建模方法如 Petri 网、EPC 等不同，C-net 提供断言式语义，以及更强的表征偏向，剔除了不正确的模型，从而使搜索空间减少。C-net 允许在任何个性化网中的所有可能的行为，这比传统的可配置概念（如 C-YAW 等）将变体融合到一个可配置模型中所做的工作要简单得多，且可配置模型的验证和配置也与其模型描述的多个模型家族一样困难。Aalst 等提出的方法是一种基于图形化的 C-net 模型，反映业务流程活动间的因果依赖关系，其基本组成元素是：Note（结点，指活动），Arc（弧，指 Note 之间的连接），每个 Note 都有 In/Out（输入/输出）绑定集合，起始点和终止点的输入绑定和输出绑定为空。C-net 模型中的路由网关是由输入绑定和输出绑定决定的，一个输入/输出绑定序列有效与前驱活动和后继活动在输入/输出绑定满足执行行为的一致性是等价的。用 C-net 表达的整个业务流程模型中有多个有效序列集,也即有多条相应的行为。C-net 模型用有效的绑定去约束可能的执行行为,从而避免了业务流程模型在执行时的各种异常行为,缩减了业务流程模型的执行状态空间。

在互联网信息资源极其复杂的动态环境下,反映用户的个性化需求是极为重要的课题,武汉大学软件工程国家重点实验室提出 RGPS 需求元模型框架,用来指导将混乱无序的需求信息整理成协同有序的结构化需求规格。这个框架是根据网络式软件用户需求的特点进行构造的,即由角色(R)—目标(G)—过程(P)—服务(S)4 个层次组成,并构建这 4 个层次的元模型,以及创建这 4 个层次之间的关联关系。在需求元模型框架的基础上,可以支持用户的个性化需求从不同的层次以不同的粒度提出,同时有助于建立规范化的需求规约表达。

结合 C-net 模型和 RGPS 模型,图 4-2 给出了在 RGPS 需求元模型指导下的基于 R&G 约束的可配置业务流程模型分析框架。该框架基于 RGPS 元模型,对特定领域问题进行建模分析,抽取角色与目标之间的依赖关系和规则,使用表单 form 记录角色与目标之间依赖和关联的状态信息,作为 C-net 模型中活动的条件去限制活动的有效执行,记为 C_{form}-net,然后通过用户的个性化需求配置派生出满足用户个性化需求的业务流程,最后通过实例化运行业务流程。

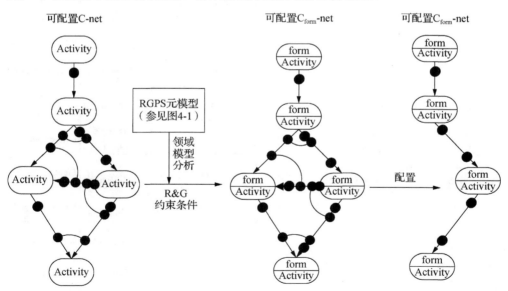

图 4-2 基于 R&G 约束的可配置业务流程模型分析框架

4.4　基于 R&G 约束的可配置业务流程模型

4.4.1　场景说明

图 4-3 是基于 C-net 的旅游申请的业务流程模型,在这个业务流程模型中,每个活动的输入/输出绑定依赖关系都用绑定符——实心圆圈表示(如果只有 1 个输入或输出活动依赖的情形,其绑定符省略),模型中有一个明确的起始活动和终止活动。在图 4-3 中,每个活动都用一个简化的符号表示,如活动"Travel Application"用 a_1 来表示,其他活动都有类似的表示。在这个模型中,每个活动都要有相应的完成目标及由哪个角色去完成,包括 3 个要素:活动、角色和目标,如活动"Domestic Quote"(a_3),其活动的目标是国内旅游,完成这个目标的角色是系统管理员,其他活动类似,表 4-1 所示为图 4-3 模型中每个活动所关联的角色和目标。

表 4-1　C-net 活动所关联的角色和目标

活动名称	符号	对应目标	对应角色	活动名称	符号	对应目标	对应角色
Start	a_i	g_i(Travel)	App(applicant)	Check&Update Form	a_{10}	g_{12} (Check& Update)	Emp(employee)
Travel Application	a_1	g_1(Application)	App(applicant)	Confirm Form	a_{11}	g_{13} (Confirmation)	Emp(employee)
International Quote	a_2	g_2(International)	Quo(query)	Submit Form	a_{12}	g_{14}(Submittal)	Emp(employee)
Domestic Quote	a_3	g_3(Domestic)	Quo(query)	Verification Form	a_{13}	g_{15}(Verification)	Adm (administrator)
Waiting Travel Quote	a_4	g_6(Travel Quote)	App(applicant)	Modification Request	a_{14}	g_{16}(Form's Dispose)	Emp(employee)
Waiting Accommodation	a_5	g_7 (Accommodation)	App(applicant)	Modification	a_{15}	g_{16} (Modification)	Emp(employee)
Waiting for Train	a_6	g_8(Train Quote)	App(applicant)	Give up Form	a_{16}	g_{19} (Abandonment)	Emp(employee)
Fill in Form by Secretary	a_7	g_{10}(Fill in by Secretary)	sec(secretary)	Approve Form	a_{17}	g_{17}(Approval)	Emp(employee)
Fill in Form by Employee	a_8	g_{11}(Fill in by Employee)	Emp(employee)	Reject Form	a_{18}	g_{18}(Rejection)	Emp(employee)
Record Application	a_9	g_9(Record)	Emp(employee)	End	a_o	g_{20} (Accomplishment)	Emp(employee)

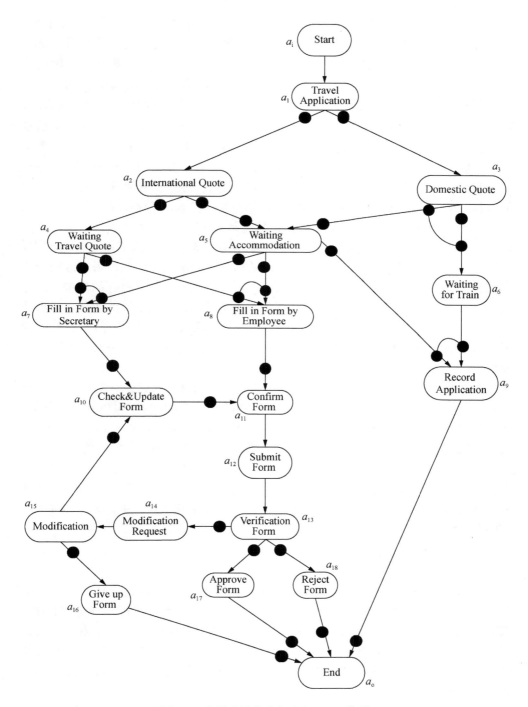

图 4-3　旅游申请的业务流程 C-net 模型

在图 4-3 所示的业务流程模型中，在执行活动 a_1 时会有两个不同的目标请求，即国际旅游或国内旅游，它们的申请流程复杂程度不相同，将 g_3 视为旅游申请中由目标引起的两个流程变体，即由活动序列 $t_1 = \{a_i, a_1, a_3, a_9, a_o\}$ 组成一个国内旅游需求的流程变体，或由活动序列 $t_2 = \{a_i, a_1, a_2, a_4, a_5, a_8, a_{11}, a_{12}, a_{13}, a_{17}, a_o\}$ 组成的国际旅游需求的流程变体；同时，在国际旅游申请子流程中执行活动 a_4 或 a_5 后，在填写旅游表格时由于填写申请表单的角色不一样，也会导致两种不同的流程变体。因此，可将这种可配置业务流程模型看作是角色和目标约束下的业务流程模型族（后面一律用 R 或 G 表示角色或目标约束），通过这个可配置模型进行角色和目标个性化可得到一个可执行的普通业务流程模型。在业务流程每项活动的执行过程中，都有其相应的前驱活动完成的输出信号，把这些输出信号抽象为 R 和 G 两个要素，实质上活动之间传递的就是 R 和 G 信息的转换，将活动所关联的 R 和 G 的信息统一使用 form 进行记录。某项活动执行完成后的 R 和 G 状态，反映在 form 中即为填写相应表格内容或是标明完成情况，因此，每项活动的执行完成都会对 form 进行相应的操作，改变 form 的状态，留下执行的轨迹，以保证最后表单的完成情况。可将 form 表示为活动或任务完成信号的载体，每项活动是改变 form 状态的一个映射 f: form→form。通过这个表单中的 R&G 两个要素中的层次关系和要素之间的依赖关系确定可变点，可以约束业务流程的配置等操作。

图 4-4 所示的是一个可配置业务流程在 R 和 G 约束下的部分个性化过程。执行旅游申请活动 a_1 时，当其旅游目标表达式 $form_2.Goal = "International\ travel"$ 为真时，活动流程执行左边分支部分，否则执行右边分支部分（只标出表单的目标部分）。对于角色的情形相类似，在填写国际旅游的表格时，可以由两种不同的角色来完成：秘书和职员，当 $(form_5.Role = "employee") \wedge (form_6.Role = "employee")$ 为真时，表示由职员完成表格的填写，则可直接确认表格；否则，还需职员的验证，然后是表格的确认。因此，可以由两种不同的流程变体来完成表格的填写。图 4-4 所示的 C-net 称为 C_{form}-net。

4.4.2　C_{form}-net 的配置操作

可配置业务流程模型可以通过用户特定需求派生出个性化变体，因此，可配置业务流程能够约束业务流程的行为。在用 C-net 表示的可配置业务流程中，关键的问题是：确定可变点、模型投影及元素的阻塞和隐藏，首先由某个活动根据角色和目标确定可变点，然后在可配置业务流程中通过角色和目标的配置需求（包含元素的阻塞和隐藏）进行投影得到可执行的个性化流程，最后通过实例来实现。

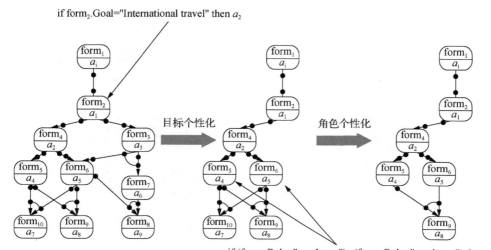

if form$_2$.Goal="International travel" then a_2

目标个性化

角色个性化

if (form$_5$.Role="employee")∧ (form$_6$.Role="employee") then a_8

图 4-4　可配置业务流程的个性化过程（后半部分省略）

在传统的 C-net 中，基本模型元素是活动，而活动之间的因果关系是通过绑定来实现的，绑定关系约减了 C-net 中活动的依赖空间，从而减少了流程执行中的不正确行为。在 C$_{form}$-net 中引入了 3 种对活动输入和输出的绑定端口进行配置的操作：①blocked：后继活动将不被执行，且后继状态也不可达；②hidden：表示当前活动的执行不可观察，而后继动作需要继续执行，相应状态可达，当前活动称为哑活动；③enabled：作为常规的执行活动。下面讨论活动的输入和输出端口流的配置方法。

图 4-5 所示的是活动的输入端口流的配置过程。假定活动 a 的 3 个前驱活动从上到下依次是 b、c、d，则活动 a 有 3 种输入绑定活动序列：bc、bd 或 c。针对每个绑定活动序列都有 3 种配置操作：enable、hidden 或 blocked，对于活动 a 的输入绑定模型为 Or-join 输入端口类型。当活动 a 的输入绑定序列为 bc 时，这个绑定序列被设置为 enabled，则活动 a 正常执行，然后根据它的输入绑定端口执行后继活动；当活动 a 的输入绑定序列为 bd 时，这个绑定序列被设置为 hidden，则活动 a 的执行是不可观察的，也就是说它的执行既不消耗时间或资源（无输入），也不产生资源和消息（无输出），这个活动对其他活动是透明的，但此活动的后继活动需要正常执行，实质上相当于跳过这个活动，因此，这个活动称为哑活动（silent action）；当活动 a 的输入绑定是 c 时，由于设置的配置操作是 blocked，因此阻塞此活动，则后继活动和状态也相继停止执行。对于 Xor-join 和 And-join 两种输入绑定类型中的绑定序列在配置时有相似的配置情形。

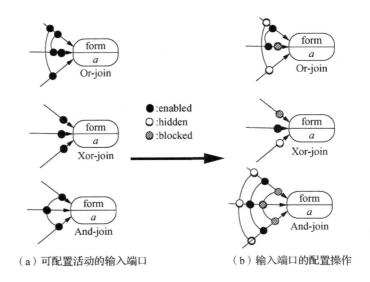

（a）可配置活动的输入端口　　　　　　　　　（b）输入端口的配置操作

图 4-5　可配置活动输入端口绑定序列的配置

图 4-6 表示的是活动的输出端口流的配置过程。假定活动 a 的 3 个后继活动从上到下依次是 e、f、g，则活动 a 有 3 种输出绑定活动序列：ef、eg 或 f。针对每个绑定活动序列都有 3 种配置操作：enable、hidden 或 blocked，对于活动 a 的输出绑定模型为 Or-split 输出端口类型。当活动 a 的输出绑定序列为 ef 时，这个绑定序列被设置为 enabled，则活动 ef 应该正常执行（最终到底是否执行还需视其输出绑定情况而定），然后根据它的输出绑定端口执行后继活动；当活动 a 的输出绑定序列为 eg 时，这个绑定序列被设置为 hidden，则活动 eg 的执行是不可观察的，与输出绑定含义类似，这个活动对其他活动是透明的，但其后继活动需要正常执行，这个活动与输出一样被视为哑活动；当活动 a 的输出绑定是 f 时，由于设置的配置操作是 blocked，因此阻塞此活动，则后继活动和状态也相继停止执行。对于 Xor-split 和 And-split 两种输出绑定类型中的绑定序列在配置时有相似的配置情形。

可配置业务流程模型是一个集合多个变体的共性和可变特征的参考业务模型，它是不能用来执行的，需要根据用户需求对模型可配置的输入端口和输出端口进行配置，得到满足用户个性化需求的流程模型，然后转换成可执行的流程实例。用户需求一般用自然语言表示。在端口的配置过程中，通过端口的 hidden 和 blocked 两种操作带来的问题：若使用过多的 blocked 操作，会产生孤立的不连通网，使模型有语法错误；若使用过多的 hidden 操作，则会产生语义错误，生成不正确的模型。因此，为了避免这种情形，可配置模型不仅包含基本模型，而且需要一个约束允许配置集的需求集，从而保证语法和语义上的正确性。需要将需求转化成模型的端口配置形式，即需求的形式化表示。语法需求驱动的例子：每个活动都存在一个使能的输出端口触发案例的运行；语义需求驱动的例子：如果活动 a_4 使能，则在提交申请活动时，表格填写者应该是秘书。

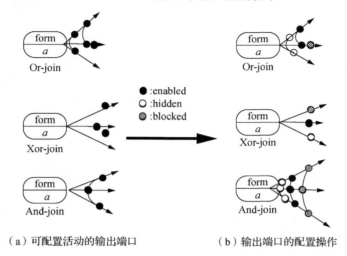

（a）可配置活动的输出端口　　　（b）输出端口的配置操作

图 4-6 可配置活动输出端口序列的绑定配置

对于 enabled 配置操作来说，输入端口流和输出端口流两种配置操作的行为语义是相同的；对于配置操作 hidden 来说，在活动的输入绑定端口中，是隐藏的当前活动，而在输出绑定端口中，是隐藏当前活动执行后即将要执行的后继活动；对于配置操作 blocked 来说，阻塞的活动是前驱活动和它的后继活动，当前活动未执行，而在输出绑定端口中，阻塞的不包括当前活动，即当前活动已执行完毕。可配置业务流程模型是包含多个流程变体的共性和可变特征的参考模型，属于业务流程设计时的模型，不能用来执行，需要根据用户需求对模型可配置的输入端口和输出端口进行配置，得到满足用户个性化需求的特定流程变体，然后转换成可执行的流程实例，再调用相关的应用服务执行。

4.4.3 相关定义

由于业务流程可以看作是由活动组成的序列，因此活动是业务流程建模的基本模型元素。下面对约束活动的几个要素和扩展的 C-net 进行形式定义。

首先假定一个业务流程的活动集，即设 A 为模型设计时业务流程的有限活动集。

定义 4-1（角色模型） 角色模型形式表示为三元组 $Role = (R, \rightarrow_R, f_{R\text{-}A})$，其中，

R 是角色集合，$\rightarrow_R \in R \times \{D, E, H, I\} \times R$ 是角色之间的关系，其中 D 为依赖关

系（dependence），E 为互斥关系（exclusive），H 为上下级关系（hierarchy），I 为独立关系（independent），若两个角色 r_1 和 r_2 是互斥关系，则有 $r_1 E r_2$；

f_{R-A}：$R \rightarrow 2^A$（2^A 为活动的幂集）是角色关联的活动函数。

例如，在图 4-3 中，$R = \{App, Quo, Sec, Adm, Emp\}$，每个角色都负责相关职责内的活动，如旅行社秘书负责的活动是 $a_7, a_{10}, a_{11}, a_{12}$，用关联函数表示为 $f_{R-A}(Sec) = \{a_7, a_{10}, a_{11}, a_{12}\}$。

定义 4-2（目标模型） 目标模型形式表示为四元组 $Goal = (G, \varsigma, D, f_{G-A})$，其中，

1）G 是目标集合，包括组合目标和原子目标，组合目标是可分解的目标，原子目标是不可分解的目标（相当于流程中的任务）；

2）ς 表示目标之间的约束关系，即 $\varsigma \in G \times \{\rightarrow_{pre}, \underline{--}\}$，$\rightarrow_{pre}$ 是各子目标之间的前后链接关系，满足传递性质，如 $((g \rightarrow_{pre} h) \vee (h \rightarrow_{pre} j)) \Rightarrow g \rightarrow_{pre} j$ 表示目标之间的简单时序属性，$\underline{--}$ 为两个子目标之间存在的互斥关系；

3）D 是目标分解关系，即 $D \in G \times \{Or, And\} \times G$；

4）f_{G-A}：$G \rightarrow 2^A$（2^A 为活动的幂集）是目标关联的活动函数。

图 4-7 是由定义 4-2 得到的相应的旅游申请目标模型（流程开始时的目标为 g_1，流程结束时的目标为 g_{19}，在图 4-7 中省略），目标之间有两种关系。第 1 种为分解组合关系：①And 分解关系，当全部子目标都完成时父目标才满足，可用命题逻辑公式表示，如图 4-7 中 $g_2 \equiv g_4 \wedge g_5$；②Or 分解关系，当子目标中有 1 个或多个目标完成时父目标就会满足，图 4-7 中可用命题逻辑公式表示，如 $g_{15} \equiv g_{16} \vee g_{17} \vee g_{18}$。第 2 种为目标之间的约束关系：①前驱链接关系：$\rightarrow_{pre}$，如图 4-7 中 $g_7 \rightarrow_{pre} g_9$，即目标 g_7 一定在目标 g_9 之前完成，可用命题逻辑公式表示为 $g_9 \Rightarrow g_7$；②互斥关系：$\underline{--}$，两个目标是互斥完成关系，即满足一个目标则另一个目标不能成立，如 $\exists g_1, g_2$ 满足 $g_1 \underline{--} g_2$，则用命题逻辑公式表示为 $g_1 \Leftrightarrow \neg g_2$。同时，由图 4-3 可知，每个目标关联相应的活动，即 $f_{G-A}(g_1) = \{a_1\}$，用括号中的符号表示。

定义 4-3 [表单（form）] 表单用于记录与活动相关的 R 和 G 约束状态，是二元组 $form = (f_{A-R}, f_{A-G})$，其中，

f_{A-R}：$A \rightarrow 2^R$（2^R 为角色的幂集）是活动关联角色的函数；

f_{A-G}：$A \rightarrow 2^G$（2^G 为目标的幂集）是活动关联目标的函数。

定义 4-4 [活动（activity）] 活动形式表示为二元组 $a = (id, form)$，$id \in A$ 为活动名称，$form$ 为活动的表单，表明活动关联相应的角色和目标。

在图 4-3 中，对于活动 a_5 来说，$a_5.id = $"酒店住宿查询等待"，$a_5.form = (\{Emp\}, \{g_7\})$，即活动 a_5 所关联的角色和目标（图 4-7 活动 a_5 关联的目标），则 $a_5 = ($"酒店住宿查询等待"，$(\{Emp\}, \{g_7\}))$。

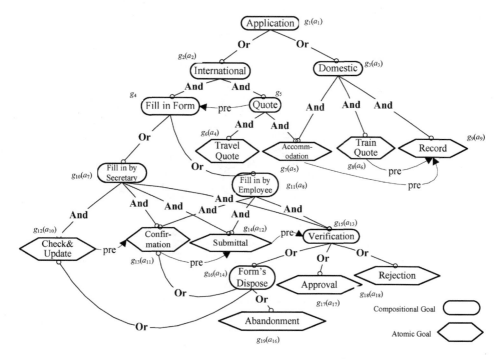

图 4-7 图 4-3 中相应的目标模型图

注：括号表示目标完成的活动

若整个业务流程由活动组成，就可以看作是在表单约束下的活动集，然后用 C-net 中的活动流模型去表示这种活动的逻辑执行，按照 C-net 中的定义，对加 R 和 G 约束的活动进行形式化定义，通过 R 和 G 去约束活动间的绑定关系，将经 R 和 G 约束后的 C-net 称为 C_{form}-net 。

定义 4-5（C_{form}-net） 一个七元组 $C_{form} = (A_{form}, a_i, a_o, D_{form}, I_{form}, O_{form})$，其中：

A_{form} 是有限活动集；

a_i 是起始活动；

a_o 是终止活动；

$D_{form} \subseteq A_{form} \times A_{form}$ 是在表单约束下的活动依赖关系；

$I_{form} \in 2^{A_{form}}$（$2^{A_{form}}$ 是 A_{form} 的幂集）是在表单约束下每个活动的输入绑定集；

$O_{form} \in 2^{A_{form}}$（$2^{A_{form}}$ 是 A_{form} 的幂集）是在表单约束下每个活动的输出绑定集。

图 4-8 是将图 4-3 的旅游申请 C-net 模型图由定义 4-5 通过表单 form 进行扩展而得来的 C_{form}-net 模型，在这个模型中每个活动都绑定一个相应的表单，$form_i$ 指定了活动的目标及完成活动的角色。例如，活动 a_4 绑定的表单为 $form_5$，$form_5$ 记录执行活动 a_4 所关联的目标和角色的状态，即 $form_5 = (Sec, g_{10})$，角色为秘书

Sec，目标为填写表格 g_{10}；其他活动类似。

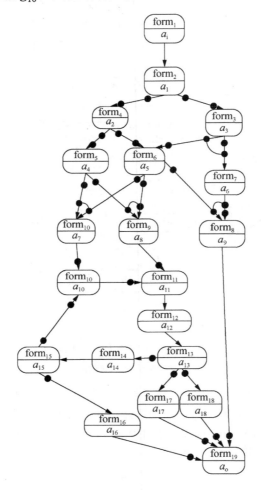

图 4-8　扩展后的 C_{form}-net 模型

绑定度（binding degree）：$d(s) = |\forall s \in (I_{form}(a) \vee O_{form}(a))|$，即某个活动 $a \in A$ 绑定集中绑定的活动个数。

绑定模型：在一个活动 a 的输入绑定集 $I_{form}(a)$ 中，其输入绑定模型（Xor,Or,And）由式（4-1）决定：

$$B_{m}^{in}(a) = \begin{cases} \text{And,} & |I_{form}(a)| = 1, s \in I_{form}(a) \rightarrow d(s) = |{}^{\bullet}a| \\ \text{Or,} & |I_{form}(a)| \geqslant 2, \exists s \in I_{form}(a) \rightarrow |{}^{\bullet}a| > d(s) \geqslant 2 \quad (4\text{-}1) \\ \text{Xor,} & |I_{form}(a)| \geqslant 2, \forall s \in I_{form}(a) \rightarrow d(s) = 1 \end{cases}$$

同理，对于输出绑定集 $O_{form}(a)$ 活动 a 的输出绑定模型（Xor,Or,And）由式（4-2）

决定：

$$B_{\mathrm{m}}^{\mathrm{out}}(a) = \begin{cases} \text{And,} & |O_{\mathrm{form}}(a)| = 1, s \in O_{\mathrm{form}}(a) \to d(s) = |a^{\bullet}| \\ \text{Or,} & |O_{\mathrm{form}}(a)| \geqslant 2, \exists s \in O_{\mathrm{form}}(a) \to |a^{\bullet}| > d(s) \geqslant 2 \quad\quad (4\text{-}2) \\ \text{Xor,} & |O_{\mathrm{form}}(a)| \geqslant 2, \forall s \in O_{\mathrm{form}}(a) \to d(s) = 1 \end{cases}$$

将输入和输出绑定模型分解出来主要是为了区分输入端口与输出端口的类型，以便对其进行配置操作。例如，在图 4-8 中，a_5 活动有两个绑定序列，分别是 $\{a_3\}$ 和 $\{a_2\}$，但它们的执行是互斥关系，因此，$B_{\mathrm{m}}^{\mathrm{in}}(a_5) = \text{Xor}$；而 a_8 同样有两个绑定序列 $\{a_4\}$ 和 $\{a_5\}$，在执行时要求这两个活动都执行完才触发活动 a_8 的执行，因此 $B_{\mathrm{m}}^{\mathrm{in}}(a_8) = \text{And}$；对输出绑定来说，$B_{\mathrm{m}}^{\mathrm{out}}(a_3) = \text{Or}$。

定义 4-6（$\mathrm{C_{form}}$-net 的绑定）　设 $C_{\mathrm{form}} = (A_{\mathrm{form}}, a_i, a_o, D_{\mathrm{form}}, I_{\mathrm{form}}, O_{\mathrm{form}})$ 是一个 $\mathrm{C_{form}}$-net，$\beta_a = \{(a, a_{\mathrm{form}}^{\mathrm{I}}, a_{\mathrm{form}}^{\mathrm{O}}) \in A_{\mathrm{form}} \times 2^{A_{\mathrm{form}}} \times 2^{A_{\mathrm{form}}} \mid a_{\mathrm{form}}^{\mathrm{I}} \in I_{\mathrm{form}}(a) \wedge a_{\mathrm{form}}^{\mathrm{O}} \in O_{\mathrm{form}}(a)\}$ 是活动 a 的绑定，则 $B = \{\beta_a \mid a \in A_{\mathrm{form}}\}$ 是 C_{form} 的所有活动集，σ 是活动的绑定序列，若 B^* 为绑定活动的克林闭包，则 $\sigma \in B^*$。

定义 4-7（$\mathrm{C_{form}}$-net 绑定的活动状态）　设 $C_{\mathrm{form}} = (A_{\mathrm{form}}, a_i, a_o, D_{\mathrm{form}}, I_{\mathrm{form}}, O_{\mathrm{form}})$ 是一个 $\mathrm{C_{form}}$-net，$S = \mathrm{IB}(A_{\mathrm{form}} \times A_{\mathrm{form}})$ 是 $\mathrm{C_{form}}$-net 的活动状态对集合，即一个等待执行的任务集，对任何的绑定序列 σ，有函数 $\psi_A \in B^* \to S$ 归纳定义如下：

1）$\psi_A(\langle\rangle) = []$；

2）$\psi_A(\sigma \oplus (a, a_{\mathrm{form}}^{\mathrm{I}}, a_{\mathrm{form}}^{\mathrm{O}})) = (\psi_A(\sigma) \setminus (a_{\mathrm{form}}^{\mathrm{I}} \times \{a\})) \bigcup (\{a\} \times a_{\mathrm{form}}^{\mathrm{O}})$，即 $\psi_A(\sigma)$ 为执行绑定序列 σ 后所处的状态。

定义 4-8（$\mathrm{C_{form}}$-net 绑定的角色状态）　设 $C_{\mathrm{form}} = (A_{\mathrm{form}}, a_i, a_o, D_{\mathrm{form}}, I_{\mathrm{form}}, O_{\mathrm{form}})$ 是一个 $\mathrm{C_{form}}$-net，$B_R \subseteq R$ 是绑定的角色集，对任何的绑定序列 σ，函数 $\psi_R \in A_{\mathrm{form}} \to B_R$ 归纳定义如下：

1）$\psi_R(\langle\rangle) = \{\}$；

2）$\psi_R(\sigma \oplus (a, a_{\mathrm{form}}^{\mathrm{I}}, a_{\mathrm{form}}^{\mathrm{O}})) = (\psi_A(\sigma)) \bigcup (f_{A\text{-}R}(a))$，$\psi_R(\sigma)$ 为当前绑定状态所对应的角色集。

例如，图 4-8 中的一个绑定序列 $\sigma = \langle (a_i, \phi, \{a_1\}), (a_1, \{a_i\}, \{a_3\}) \rangle$，这个序列是业务流程的一个简单变体，表示国内不住酒店一日游，其相应每一步的绑定状态所对应的角色集为 $\psi_R(\langle\rangle) = \{\}, \psi_R(\langle (a_i, \phi, \{a_1\}) \rangle) = f_{A\text{-}R}(a_i) = \{\mathrm{App}\}$，$\psi_R(\langle (a_i, \phi, \{a_1\}), (a_1, \{a_i\}, \{a_3\}) \rangle) = \{\mathrm{App}\} \bigcup f_{A\text{-}R}(a_1) = \{\mathrm{App}, \mathrm{Emp}\}$，即每绑定一个活动就将相应的角色加入到角色集中。

定义 4-9（$\mathrm{C_{form}}$-net 绑定的目标状态）　设 $C_{\mathrm{form}} = (A_{\mathrm{form}}, a_i, a_o, D_{\mathrm{form}}, I_{\mathrm{form}}, O_{\mathrm{form}})$ 是一个 $\mathrm{C_{form}}$-net，$S_G = \mathrm{IB}(G \times G)$ 是 C_{form} 关联的目标状态对空间，对任何的绑定序列 σ，函数 $\psi_G \in A \to S_G$ 归纳定义如下：

1）$\psi_G(\langle\rangle)=\{\}$；

2）$\psi_G(\sigma\oplus(a,a_{\text{form}}^{\text{I}},a_{\text{form}}^{\text{O}}))=(\psi_G(\sigma))\bigcup(f_{A\text{-}G}(a)\times f_{A\text{-}G}(a_{\text{form}}^{\text{O}}))$，且 $\forall(g_i,g_j)\in$ $\psi_G(\sigma)$，$\exists R_G,g_iR_Gg_j$ 为绑定时的目标状态。

在图 4-8 中，有一个从起始活动 a_1 开始到终止活动 a_9 结束的绑定序列 $\sigma=\langle(a_i,\phi,\{a_1\}),(a_1,\{a_i\},\{a_3\}),(a_3,\{a_1\},\{a_5,a_6\}),(a_6,\{a_3\},\{a_9\}),(a_5,\{a_3\},\{a_9\}),(a_9,\{a_5,a_6\},\{a_o\}),(a_o,\{a_9\},\phi)\rangle$，由定义 4-9 可得出其相应的目标状态：$\psi_G(\langle\rangle)=\{\}$；$\psi_G(\langle(a_i,\phi,\{a_1\})\rangle)=\psi_G(\langle\rangle)\bigcup(f_{A\text{-}G}(a_i)\times f_{A\text{-}G}(a_{\text{form}}^{\text{O}}))=\phi\bigcup\{(g_1,g_2)\}=\{(g_1,g_2)\}$，依次使用定义 4-9 中的步骤 2）可得 $\psi_G(\sigma)=\{(g_1,g_2),(g_2,g_3),(g_3,g_7),(g_3,g_8),(g_7,g_9),(g_8,g_9),(g_9,g_{19})\}$，$\psi_G(\sigma)$ 中任意一个元素中的目标对都存在关联，如 $(g_7,g_9)\in$ $\psi_G(\sigma)$，有 $g_7\to_{\text{pre}}g_9$，由绑定序列 σ 派生出的目标子图如图 4-9 所示，即每个绑定活动序列关联的目标形成的图是目标模型中的一个子图。定义 4-8 说明了在进行活动绑定时，一次绑定序列完成后所形成的角色集是角色模型中的子集，定义 4-9 说明了在进行活动绑定时，一次绑定序列完成后所形成的目标关联集是目标模型中的子集。

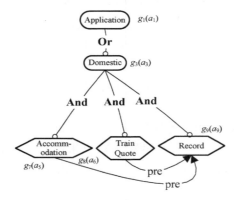

图 4-9　由绑定序列 σ 派生出的目标子图

定义 4-10（有效活动绑定序列）　设 $C_{\text{form}}=(A_{\text{form}},a_i,a_o,D_{\text{form}},I_{\text{form}},O_{\text{form}})$ 是一个 C_{form}-net，Role 是流程的角色模型，Goal 是流程的目标模型，$\sigma=\langle\beta_{a_1},\beta_{a_2},\cdots,\beta_{a_n}\rangle\in B^*$ 是其活动的绑定序列，则 σ 是 C_{form}-net 的有效绑定序列，当且仅当

1）$a_1=a_i$，$a_n=a_o$，并且 $a_k\in A_{\text{form}}\setminus\{a_i,a_o\}$，$\forall 1<k<n$；

2）$\psi_A(\sigma)=[]$；

3）对任意的非空前缀，$\sigma'=\langle\beta_{a_1},\beta_{a_2},\cdots,\beta_{a_k}\rangle(1\leqslant k\leqslant n):(a_{k\text{form}}^{\text{I}}\times\{a_k\})\leqslant\psi(\sigma'')$，这里的 $\sigma''=\langle\beta_{a_1},\beta_{a_2},\cdots,\beta_{a_{k-1}}\rangle$；

4）对任意的非空前缀，$\sigma'=\langle\beta_{a_1},\beta_{a_2},\cdots,\beta_{a_k}\rangle(1\leqslant k\leqslant n)$，有 $\psi_R(\sigma')\subseteq\psi_R(\sigma)\subseteq$

R，其中 $\psi_R(\sigma')$ 由定义 4-8 所得；

5）对任意的非空前缀，$\sigma' = \langle \beta_{a_1}, \beta_{a_2}, \cdots, \beta_{a_k} \rangle (1 \leqslant k \leqslant n)$，生成的目标模型为 $\text{Goal}' = (G', \varsigma', D', f_{G'-A'})$，则 $\text{Goal}' \subseteq \text{Goal}$。记 $V_{\text{CN}}(C_{\text{form}})$ 为 C_{form} 上的所有有效序列集。

在定义 4-10 中，条件 1）保证有效序列开始于 a_i 结束于 a_o；条件 2）要求在业务流程结束时的终止状态无遗留活动；条件 3）要求满足活动绑定的匹配模式，即任意的前缀绑定序列所产生的活动都会通过后继的输入绑定模式移除掉；条件 4）要求有效的活动绑定序列所形成的角色集是角色规范中的子集；条件 5）要求有效的绑定序列所形成的目标集是目标规范中的子集，生成的目标关系图是目标规范中的目标关系子图。若满足前 3 个条件，则这个绑定序列是逻辑有效的，即活动在语法上为有效绑定；若同时满足 5 个条件，则这个绑定序列在语义上是有效绑定。

定义 4-11（C_{form}-net 的端口规约）　设 $C_{\text{form}} = (A_{\text{form}}, a_i, a_o, D_{\text{form}}, I_{\text{form}}, O_{\text{form}})$ 是一个 C_{form}-net，则

1）join：$A_{\text{form}} \rightarrow B_{\text{m}}^{\text{in}}$ 规约每个活动的输入绑定行为；

2）split：$A_{\text{form}} \rightarrow B_{\text{m}}^{\text{out}}$ 规约每个活动的输出绑定行为。

例如，在图 4-8 中，$\text{join}(a_7) = \text{join}(a_8) = \text{And}$，$\text{join}(a_5) = \text{Xor}$，$\text{join}(a_9) = \text{Or}$，$\text{split}(a_2) = \text{And}$，$\text{split}(a_1) = \text{Xor}$，$\text{split}(a_3) = \text{Xor}$（其他活动的输入和输出绑定模型表示省略），可以通过 join 和 split 两个函数确定 C_{form}-net 中每个活动的输入和输出绑定模型，然后对不同的绑定模型根据当前的 R 和 G 约束进行相应的配置操作。

定义 4-12（C_{form}-net 的配置）　设 $C_{\text{form}} = (A_{\text{form}}, a_i, a_o, D_{\text{form}}, I_{\text{form}}, O_{\text{form}})$ 是一个 C_{form}-net，$\text{Role}^c \subseteq \text{Role}$，$\text{Goal}^c \subseteq \text{Goal}$ 是对 C_{form}-net 的一个配置规范，则 $\text{conf}_{C_{\text{form}}} = (\text{conf}_{\text{join}}, \text{conf}_{\text{split}})$ 是 C_{form} 的一个配置，需满足

1）$\text{conf}_{\text{join}}$：$\text{join}(I_{\text{form}}) \times \text{Role}^c \times \text{Goal}^c \mapsto \{\text{enabled}, \text{blocked}, \text{hidden}\}$ 是一个偏序函数；

2）$\text{conf}_{\text{split}}$：$\text{split}(O_{\text{form}}) \times \text{Roal}^c \times \text{Goal}^c \mapsto \{\text{enabled}, \text{blocked}, \text{hidden}\}$ 是一个偏序函数。

在定义中，满足配置的第 1 个条件是要求对 C_{form}-net 活动的输入绑定序列根据 R 和 G 的约束指派一个配置操作，第 2 个条件要求对 C_{form}-net 活动的输出绑定序列根据 R 和 G 的约束指派一个配置操作，通过配置可以从可配置业务流程模型中派生出一个具体的流程变体，以满足个性化需求，从而实现业务流程的执行，因而，$\text{conf}_{C_{\text{form}}} = (\text{conf}_{\text{join}}, \text{conf}_{\text{split}})$ 是 C_{form} 的一个完整配置，当且仅当

1）$\forall a \in A_{\text{form}}$，$\forall s \in I_{\text{form}}(a)$，$\text{join}(s) \rightarrow \{\text{enabled}, \text{blocked}, \text{hidden}\}$，即对每个活动的输入绑定指派配置操作值：enabled，blocked，hidden；

2）$\forall a \in A_{\text{form}}$，$\forall s \in O_{\text{form}}(a)$，$\text{split}(s) \rightarrow \{\text{enabled}, \text{blocked}, \text{hidden}\}$，即对每个活动的输出绑定指派配置操作值：enabled，blocked，hidden。

图 4-10 表示在 R 和 G 约束下目标规范 Goal^c 所形成的目标模型；图 4-11 所示为可配置业务流程的配置过程。

在图 4-10 中，目标 g_2 是 g_1 的 Or 分解关系，g_4 和 g_5 是 g_2 的 And 分解关系，同时，g_4 和 g_5 还要满足横向约束关系，即 $g_5 \rightarrow_{\text{pre}} g_4$，其他目标类似，通过这两个配置规范对模型中的活动绑定序列进行配置操作指派。在图 4-11 所示的模型中，对于活动 a_1，有两个输出绑定序列：$s_1 = \{a_2\}$，$s_2 = \{a_3\}$，在目标规范中，由于此活动关联目标的子目标是 g_2，也就是说，旅游申请者申请的旅游是国际旅游，因此，在流程中选择左边分支而右边分支被阻隔，即 $\text{split}(s_1) = \text{enabled}$，$\text{split}(s_2) = \text{blocked}$。活动 a_7 的输入绑定是 $s_3 = \{a_4, a_5\}$，活动 a_8 的输入绑定是 $s_4 = \{a_4, a_5\}$，由于在角色规范中角色是 Sec，因此，$\text{join}(s_3) = \text{enabled}$，$\text{join}(s_4) = \text{enabled}$。按照配置规范对其他活动的输入和输出绑定进行相应的配置，然后移除阻隔和孤立的活动结点，就可以得到个性化的普通流程，配置过程如图 4-11（a）所示。图 4-11（b）表示流程执行到 a_{13} 时，由于通过 admin 审核后的表格填写有误，需由旅行社职员重新修改后再提交申请，因为再修改表格是由职员自身完成的，所以由职员检查表格的活动 a_{10} 不必执行，从而在活动 a_{15} 后跳过活动 a_{10} 直接执行活动 a_{11} 即可。

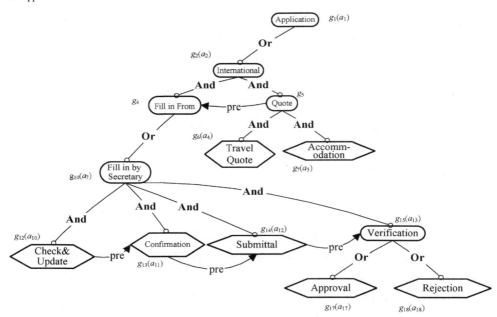

图 4-10　业务流程配置过程中形成的目标模型

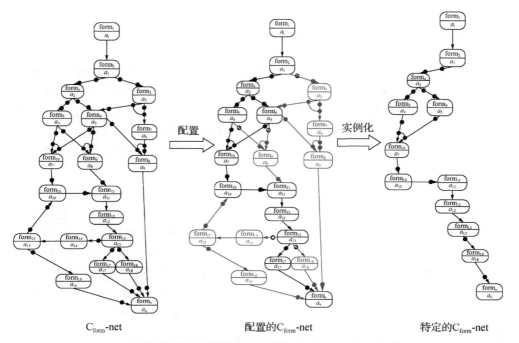

（a）可配置业务流程模型的目标配置过程（blocked与enabled）

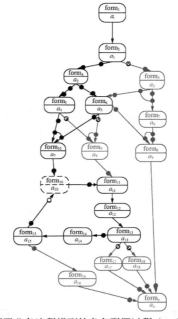

（b）可配置业务流程模型的角色配置过程（a_{10}为hidden）

图 4-11 可配置业务流程的配置过程

4.4.4　C_{form}-net 与 WF-net 之间的转换

从研究文献中得出，WF-net 并不能完全表示 C-net 的所有行为，但可以构造一个 WF-net 最大限度地去模拟 C-net 的行为[14]。为了对 C_{form}-net 可配置业务流程模型所表示的业务流程行为进行有效的分析和验证，同样需要根据 C_{form}-net 模型构造一个相对应的 WF-net，从而可以使用与 WF-net 相关的分析和验证工具对构造的 WF-net 的相关属性进行分析，进而可以得出相应的 C_{form}-net 的行为属性，以指导从事件日志中挖掘可配置业务流程模型。

由 C_{form}-net 构造相应的 WF-net 的方法：将 C_{form}-net 中的活动看作是 WF-net 中的变迁，将活动关联的 form 所记录的角色和目标信息状态视为库所，根据活动的输入（出）绑定关系分别增加库所（每个输入绑定序列）和变迁（每个输出绑定序列），从而可将活动的输出绑定端口和输入绑定端口根据绑定类型进行 WF-net 构造处理，如图 4-12 所示（其中当前活动增加的库所和变迁统一用灰色表示）。

在图 4-12（a）中，转换后的 WF-net 对活动 a 的 3 种输入绑定模型增加相应的变迁，用来收集从前驱活动执行后产生的 form 中的角色和目标状态信息，然后通过变迁生成当前活动的前提角色和目标条件，用来触发当前活动的执行。在图 4-12（b）中，活动的输出绑定模型与输入类似，在活动后增加的库所是为了表示执行当前活动后产生的 form 状态，可以根据绑定的后继活动的个数，以副本的方式分发相应个数的后继活动。例如，对于图 4-12（b）中的 And-split 绑定模型，当前活动的输出绑定序列是 3 个活动，因此通过库所 P_a 将 form 的 3 个副本分发给 3 个后继活动，由这 3 个相应的后继活动进行收集。

定义 4-13（映射构造）　设 $C_{form}^c = (A^c, a_i, a_o, AS, D_{form}, I_{form}^c, O_{form}^c, join, split)$ 是一个可配置的 C_{form}-net，$N_{C_{form}^c} = (P, T, F)$ 是对应的 WF-net，满足以下条件：

1）$P = \{p_{form} \in P_{form}\} \bigcup \{p_s \mid s \in O_{form}^c\}$，$P_{form}$ 是由活动关联的 form 库所集；

2）$T = \{t_a \mid a \in A^c\} \bigcup \{t_s \mid s \in I_{form}^c\}$；

3）$F = \{(p_{form}, t_a)\} \bigcup \{(t_a, p_s)\} \bigcup \{(p_s, t_s)\} \bigcup \{(t_s, p_{form})\}$。

定理 4-1　设 $C_{form}^c = (A^c, a_i, a_o, AS, D_{form}, I_{form}^c, O_{form}^c, join, split)$ 是一个可配置的 C_{form}-net，$N_{C_{form}^c}$ 是其对应的 WF-net，则

1）$\forall \sigma_{C_{form}^c} \in V_{CN}(C_{form}^c)$，则 $\exists \sigma_N \in V_{PN}(N_{C_{form}^c})$，使得 $\alpha(\sigma_{C_{form}^c}) = \sigma_N \downarrow A^c$；

2）$\forall \sigma_N \in V_{PN}(N_{C_{form}^c})$，则 $\forall \sigma_{C_{form}^c} \in V_{CN}(C_{form}^c)$，使得 $\alpha(\sigma_{C_{form}^c}) = \sigma_N \downarrow A^c$。

这里的 α 为绑定序列到活动序列的投影函数，$V_{PN}(N_{C_{form}^c})$ 为 WF-net 中的点火序列，$\downarrow$ 为投影操作符。

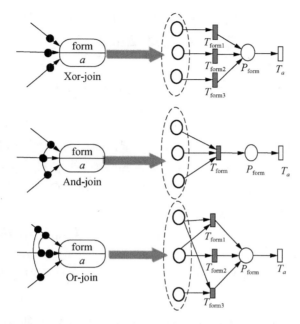

（a）活动输入绑定模型的转换（虚椭圆线内为前驱活动增加的库所）

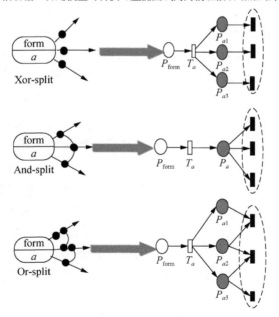

（b）活动输出绑定模型的转换（虚椭圆线内为后继活动增加的变迁）

图 4-12　活动输入/输出端口向 WF-net 转换

定理 4-1 表明，C_{form}-net 的表达能力由其有效的绑定序列决定，它可以通过约束 WF-net 中的点火序列来达到同样的表达能力。

4.5　C_{form}-net 模型的合理性

Will 等在文献[14]中提出了 WF-net 模型，并在该模型基础上提出了合理性（soundness）的形式定义作为业务流程模型过程结构的正确性评价标准，并在 C-net 模型中也使用了这一概念来评价模型的合理性。同样，C_{form}-net 中也采用这一概念对业务流程模型的正确性进行评价。

定义 4-14　合理性。设 $C_{form} = (A_{form}, a_i, a_o, D_{form}, I_{form}, O_{form})$ 是一个 C_{form}-net，C_{form} 是合理的，当且仅当

1）$\forall a \in A_{form}, a_{form}^I \in I_{form}(a)$，则 $\exists \sigma \in V_{CN}(C_{form})$ 并且 $a_{form}^O \subseteq A_{form}$ 使得 $(a, a_{form}^I, a_{form}^O) \in \sigma$；

2）$\forall a \in A_{form}, a_{form}^O \in O_{form}(a)$，则 $\exists \sigma \in V_{CN}(C_{form})$ 并且 $a_{form}^I \subseteq A_{form}$ 使得 $(a, a_{form}^I, a_{form}^O) \in \sigma$。

C_{form}-net 模型的合理性定义可确保流程模型中任意一个活动的输入或输出绑定都在其中一条有效的绑定序列中，否则是不合理的。如图 4-13 所示，图 4-13（a）是一个合理的 C_{form}-net，而在图 4-13（b）中，因为流程中存在一个活动 a_9 的输入绑定（即 $a_{9form}^I = \{a_5, a_6\}$）不在任何一个有效的绑定序列中，以及存在一个活动 a_4 未能到达终止活动 a_o，因此，这不是一个合理的 C_{form}-net。

定理 4-2　如果 C_{form}-net 的所有绑定序列都是有效的，则一定是合理的 C_{form}-net 模型。

证明：由于所有的绑定序列都是有效的绑定序列，因此任意一条绑定序列都满足定义 4-10 的 5 个条件，从而可以得出任取一个活动的输入和输出绑定，都会在一条有效的绑定序列，因此，C_{form}-net 模型是合理的。证毕。

对于给定的 C_{form}-net，要验证其逻辑过程的合理性，只要验证其所有绑定序列是否都有效即可。如果都有效，则 C_{form}-net 是逻辑结构合理的；否则，逻辑结构不合理。

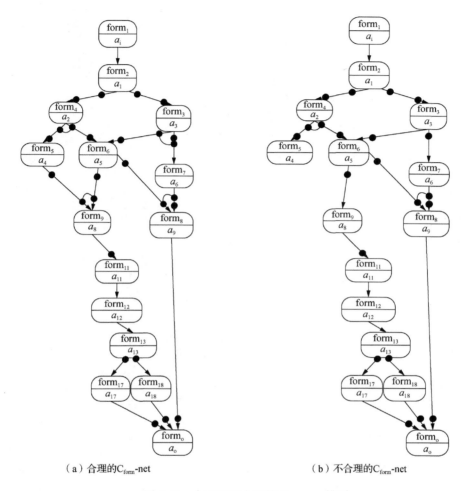

（a）合理的C_{form}-net　　　　　　　　　　（b）不合理的C_{form}-net

图 4-13　合理及不合理的 C_{form}-net 模型

4.6　实　验　分　析

将 C_{form}-net 表示的可配置业务流程模型转换成 WF-net，然后用 WF-net 工具分析其有关性质，并用 woPed[①]工具分析其合理性等性质。下面实验主要用这两个工具从语法和语义两个层次进行分析[22]。

由定义 4-13 可知，给定的 C_{form}-net 模型可以转换为相关的 WF-net，因此，可将前述旅游申请的 C_{form}-net 转换成相对应的 WF-net，如图 4-14 所示（省略了由管理员审核后需重新修改的部分）。

① http://www.woped.org/.

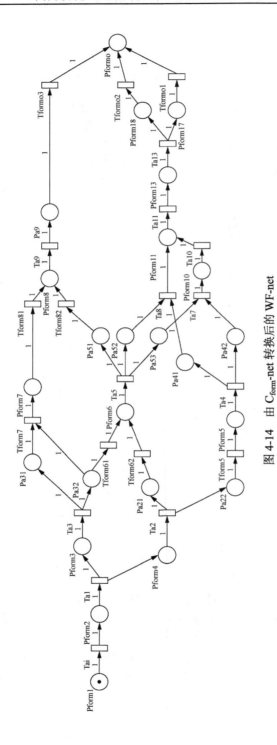

图 4-14　由 C_form-net 转换后的 WF-net

图 4-15 是可达性分析图，由图 4-15 可知，最开始整个网中只有起始库所 P_{formi} 有一个托肯初始状态 S0，对应的标识 M_{S0} 为 {0,0,0,0,0,0,0,0,0,0,1,0,0,0,0,0,0,0,0,0,0,0,0,0,0}。向量为 1 表示所在库所有一个托肯，在由 PIPI 生成的可达图中的终止库所 P_{formo} 中有一个托肯，这个可达状态是 S68，对应的标识 M_{S68} 是 {0,0,0,0,0,1,0,0,1,0,0,0,0,1,0,0,0,0,0,0,0,0,0,1}，说明在这个网中由流程的开始提出一个案例请求，最终能够结束，可以判定 WF-net 是可达的。

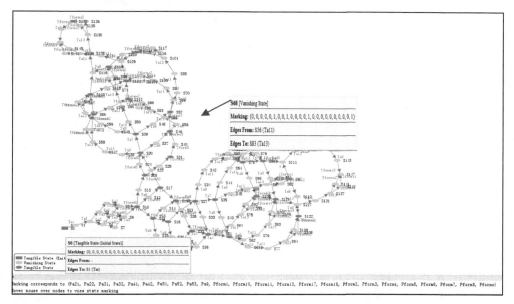

图 4-15　由 PIPI 生成的可达图

从上面的可达图中还不能得出 WF-net 的有界性和活性等合理性的有效判断，因此，用 woPed 工具对相应的 WF-net 进行结构和合理性两方面的定性分析。

用 woPed 工具对相应的 WF-net 进行结构性和合理性两方面的定性分析的实验结果如图 4-16 所示。实验结果表明：①满足工作流网属性（workflow net property）；②满足有界性（boundedness）；③具有活性，虽无死变迁（dead transitions），但存在 18 个遗留变迁（non-live transitions），也就是说启动这个业务流程后，对于一个具体的案例除了能够正常结束之外，还有可能在请求启动和请求结束中间存在一些遗留的信号未处理，因此，需修改 C_{form}-net，使其满足合理性的所有条件。

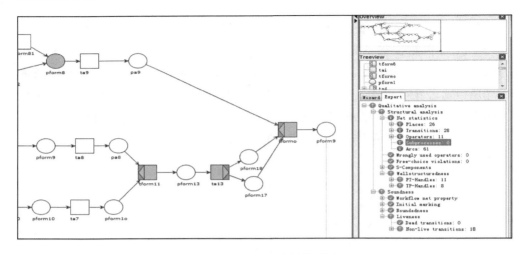

图 4-16　woPed 分析结果图

本 章 小 结

　　本章在因果网模型 C-net 的基础上，根据 RGPS 元模型中角色、目标、流程、服务四要素之间的约束规则和关联关系，提出了一种基于 R 和 G 约束的可配置流程模型 C_{form}-net，关键是在 C-net 模型的核心元素活动中添加 R 和 G 两个元素，然后利用 R 和 G 的约束关系及其关联指导 C_{form}-net 中活动的执行，使业务流程模型的行为满足 R 和 G 的需求，通过 R 和 G 的约束关系对 C_{form}-net 中活动的 In/Out（输入和输出）绑定行为进行个性配置约束，同时给出一个满足 C_{form}-net 模型合理性的定理。由于在模型分析活动中增加表单 form 记录的 R 和 G 状态，导致可配置业务流程模型状态空间的复杂度增加，因此，如何在业务流程模型配置时对模型的状态空间进行约减并予以正确性验证，是下一步的研究工作。

　　本章提出的基于角色和目标的 C-net 模型在业务流程可变性配置过程中可有效满足角色和目标的约束，从而实现在业务流程配置过程中对用户个性化的需求。

第 5 章　基于目标感知的可配置业务流程分析

可配置业务流程模型使不同的企业之间以可控的方式共享公共流程成为可能，这种模型旨在通过配置满足特定企业的需求，派生出个性化的流程。流程配置由于其配置决策之间的各种依赖关系而变得异常困难，因此，对其进行形式化建模和验证是一个非常重要的问题。由于目标模型能够良好地表达用户需求意图的特点，因此本章提出了一种基于目标感知的可配置业务流程分析方法。这种方法首先将目标关联到 WF-net（即 GWF-net），将用户需求意图与业务流程模型进行整合；然后通过增加配置操作将用 GWF-net 表达的业务流程模型转换成可配置业务流程模型；最后分析这种可配置业务流程的逻辑结构的正确性，并提出用户需求与可配置业务流程配置过程中的一致性定理，为分析与验证在目标约束下可配置业务流程提供一种行之有效的方法。

5.1　引　　言

Aalst 等[1,2,8,9,16]提出了可配置业务流程模型。可配置业务流程主要聚焦于模型执行前的设计阶段，以集成（集约）可控的方式表示业务流程模型的多个流程变体，它通过增加一个配置环节将参考模型根据特定用户的需求进行自动化或半自动化的配置操作。与原来对普通的参考模型进行手动增加、删除或移动模型元素相比，可配置业务流程模型为用户提供业务流程中活动或任务的配置和选择的决策，从而对业务流程模型规模进行有效的约减，提高了相应信息系统的处理效率。对可配置业务流程模型的研究需要解决两个关键问题：①如何对可配置业务流程模型进行建模[14,15,17,19-23,26-29,32-47,51,58,66-86]；②如何保证可配置业务流程的正确性[23,26-28,32-39,66,67]。对问题①可采用流程行为继承理论方法[13]，即可配置建模中的配置操作由允许（allowed）、隐藏（hiding）或阻隔（blocking）可变点[15,34]来完成；对于问题②，在可配置业务流程模型中，流程配置由于配置决策之间的各种相互依赖关系变得异常复杂，因此，对可配置业务流程进行形式化建模和验证是一个重要的研究课题。

当前，对可配置业务流程正确性的分析与验证的相关研究从两方面进行：一是保证可配置业务流程模型配置过程中逻辑结构的语法正确性；二是保证可配置业务流程配置过程中执行行为的语义正确性。前者是指可配置业务流程在配置过程中保持流程结构的完整性［即合理性（soundness）］[35-116]，如在流程中无孤立结点或流程碎片等；后者是要求在配置过程中保证满足特定用户的需求。目前主要使用 Aalst 提出的两种技术对可配置业务流程进行分析和检测：约束推理法[65]（constraints inference）和伙伴合成法[113]（partner synthesis）。约束推理法为保证配置过程中行为的正确性提供有效的方法，然而，这种方法有一个前提假设：可配置流程模型确保是整体上已经完整或合理的；伙伴合成法是基于配置指导的概念，配置指导是所有可能配置的完整特征表达，这些配置表示了可配置流程模型中所有可能的正确性配置组合；而其他方法[117-119]只分析与配置了相关的语法正确性而未提供保证模型的行为正确性。

在已有的可配置业务流程分析和验证研究中，很少考虑用户需求对业务流程的约束特性，而在实际业务流程的执行过程中，用户的个性化需求约束则是业务流程分析中需要重要考虑的因素。需求工程的相关研究表明[120-123]：目标模型反映用户需求（或意图），它能够表达业务流程中不同的个性化需求，因此在可配置业务流程中可以根据目标对个性化需求进行良好的表达。以自然语言表示的目标之间的关联关系可以转换成形式化的 LTL 公式[11,12]，从而有助于业务流程的分析与验证。为解决分析可配置业务流程缺少用户需求约束这个问题，本章首先利用工程用户需求可以通过目标模型进行表达的良好特征，在建模中将可配置业务流程中的业务流程表示为某些目标的组合，把目标模型加入 WF-net 模型中，从而将用户需求与业务流程模型进行整合，作为业务流程模型的用户需求约束；然后通过配置操作将带目标 WF-net 模型（GWF-net）转化为可配置业务流程模型；最后分析可配置业务流程模型的可达性和执行行为的正确性，为保证业务流程的有效性提供可行的分析与验证手段。

5.2　基于目标感知的可配置业务流程分析方法与应用场景

本小节给出基于目标感知的可配置业务流程分析与验证框架，图 5-1 所示为基于目标感知的可配置业务流程分析框架，它包括以下步骤。

1）由设计分析人员根据特定领域设计出目标模型（goal model，GM）和业务流程模型（WF-net），然后将目标模型关联（associate）到业务流程模型，形成目标业务流程模型（GWF-net）。实际上这里的目标是作为业务流程模型中变迁的一个条件，表示变迁被触发后需要达到的用户需求。

2）在由 1）得出的模型基础上增加配置操作形成可配置目标业务流程模型（configurable GWF-net），这里的配置操作是通过基于行为继承理论对业务流程模型中的某些变迁进行隐藏、阻隔或选择实现的。

3）用户以自然语言（非形式化）的需求和模型本身的配置需求或指导都解释为形式化 LTL 公式表示，然后将配置需求与指导的公式作为目标可配置业务流程模型的约束，表示模型在个性化过程要满足的条件。

4）最后，通过检测线性时序逻辑公式是否满足模型的结构属性和用户需求来达到分析和验证可配置业务流程模型的目的。

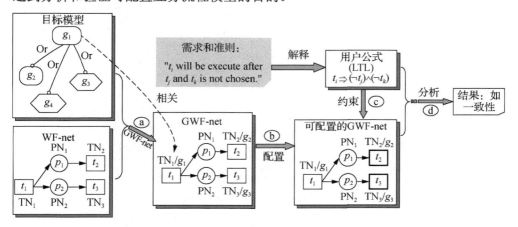

图 5-1　目标感知的可配置业务流程分析验证框架

g_i —目标；　TN_i —Label of transitions；　PN_i —Label of places；　$\boxed{t_i}$ —可配置变迁

本节使用物流领域的订单预订流程作为实例进行说明，使用 WF-net 对业务流程模型进行形式化表示，图 5-2 中的圆圈和矩形框分别代表业务流程的库所（状态）和变迁（活动）。图 5-2（a）是一个简单的纸质订单流程，它包括 4 个库所和 3 个变迁，表示了获取纸质订单的过程。3 个变迁：t_1 为订单选择（Order Select），t_2 为手工输入（Manual Input），t_3 为订单确认（Order Confirm）；4 个库所记录了每个变迁的数据信息状态（其中，p_I 是流程的开始状态，p_O 是流程的结束状态）。再考虑其他相似的流程变体，如图 5-2（b）所示的电子订单获取流程，图 5-2（c）所示的用户可以选择并取消某个订单流程，以及图 5-2（d）所示的用户可以选择系统已存在订单流程。4 个变体都是通过满足 4 个基本目标而区分的：纸质订单、电子订单、取消订单和存在订单。由于这 4 个变体共享了某些库所和变迁，因此可以将这 4 个流程合并为一个统一的业务流程模型，如图 5-2（e）所示，这里统一使用 WF-net 表示业务流程模型，其中 p_I 和 p_O 两个库所在图 5-2 中都加粗表示以示与 Petri 网的区别。

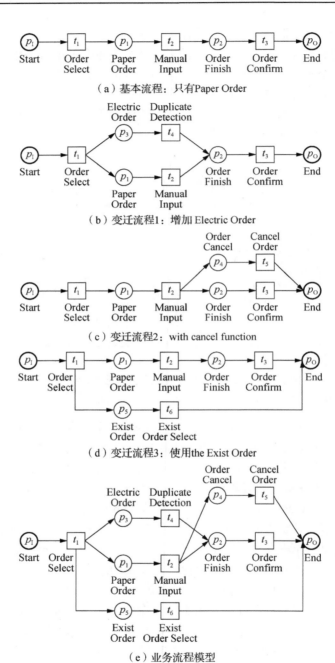

（a）基本流程：只有Paper Order

（b）变迁流程1：增加 Electric Order

（c）变迁流程2：with cancel function

（d）变迁流程3：使用the Exist Order

（e）业务流程模型

图 5-2　流程变体及其相应可配置业务流程模型

事实上，目标和它们之间的关联关系不仅仅是 4 个流程变体，如当在进行电子订单时也可能取消这个订单，这种流程变体与图 5-2（c）相类似。由于每个流程变体的行为可以表示成某些目标的组合序列，因此，这些目标序列与业务流程的执行行为等价。由上述 4 个基本目标及其组合表达的与业务流程相关的目标模型如图 5-3 所示，它表达了所有用户的目标序列集，如目标序列集 {OB, SO, PO, MI, OC} 表示纸质订单的用户需求，其他类似。图 5-3 中可表示出 8 种目标序列，与之相关的业务流程模型如图 5-4 所示。图 5-4 描述了这个特定物流领域的相似流程族，而这个流程模型可以通过配置操作得到特定流程，即流程中的变迁通过满足用户的目标设置 3 种操作：allowed、blocked 或 hidden，因此模型中所有变迁都可根据用户的特定目标进行相应的配置操作。

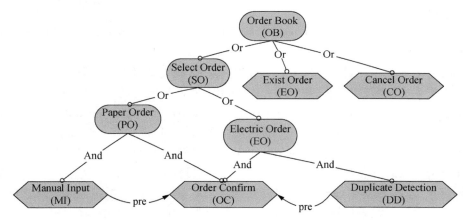

图 5-3　关联的目标模型

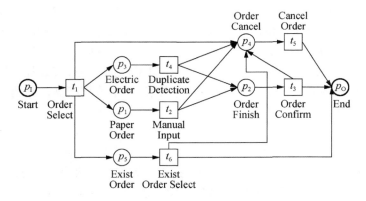

图 5-4　与图 5-3 相对应的完整业务流程模型

5.3　GWF-net 及其配置

本节先给出目标模型的定义，其他有关 Petri 网的基本概念和定义请参考文献[41]。

定义 5-1（目标模型）　　目标模型是一个三元组 $GM = (G, \wp, D)$，其中，

G：目标集合（包括组合目标 G_c，原子目标 G_t）也称任务（task），在业务流程中映射为某个活动；

$\wp$：$G \times \{\rightarrow\} \times G$，标记目标之间的前后依赖关系，其中，"$\rightarrow$" 表示目标之间满足的前驱约束；

D：$G \times \{Or, Xor, And\} \times G$，是目标之间的组合分解关系，其中，Xor 表示目标之间的互斥关系。

在定义 5-1 中，目标之间存在两层关系，这些关系可以用命题公式来表达。第一层关系是目标之间的分解关系：①And 关系，当所有的子目标完成后父目标才能完成，在图 5-3 中，父目标 EO 和子目标（DD,OC）之间是 And 分解关系，用公式可表示为 EO≡DD∧OC；②Or 分解关系，当子目标中有一个或多个完成时，则父目标就可完成，公式表示为 SO≡PO∨EO；③Xor 分解关系，当子目标中有且仅有一个完成时父目标才能完成，如果假定父目标为 g_1，子目标为 g_2 和 g_3，则有 $g_1 \equiv g_2 \otimes g_3$，其中 $\otimes$ 表示异或，即两者只取其一。第二层关系是目标之间的前驱约束关系：如果目标 DD 是目标 OC 的前驱，则表示为 DD→OC。

本节使用有效的目标序列表示目标模型 GM 的语义，记为 $[g]_{GM}$，图 5-3 所示的 GM 中物流订单预订的语义可表示为：$[g]_{GM} =$ {{OB,CO},{OB,EO},{OB,EO,CO}, {OB,SO,PO,MI,OC},{OB,SO,PO,MI,CO},{OB,SO,EO,DD,OC},{OB,SO,EO,DD,CO}, {OB,SO,PO,MI,EO,DD,OC,CO},{OB,SO,PO,MI,EO,DD,OC}}，$[g]_{GM}$ 中的每个元素就是目标模型 GM 的目标集合 G 中的一个目标选择，每个 GS 都需满足分解和前驱约束关系。同时将某个有效的目标序列视为一个流程产品，则语义表示了目标模型的有效产品集合。

5.3.1　GWF-net

为了精确描述目标对业务流程的影响，可为模型中的每个变迁指派一个目标，表明业务流程中每个变迁完成所达到的特定需求。本节使用 WF-net 对可配置业务流程模型进行建模，与传统的建模语言，如 C-EPC、C-YAWL 和 C-SAP 相比，WF-net 更具有数学的表达形式并且更容易将 WF-net 转化为其他具体的建模语言。因此，可在 WF-net 的基础上增加变迁，变迁满足的目标形成 GWF-net，如物流配

送订单的 GWF-net，如图 5-5 所示，然后形式化定义基于 WF-net 的 GWF-net。

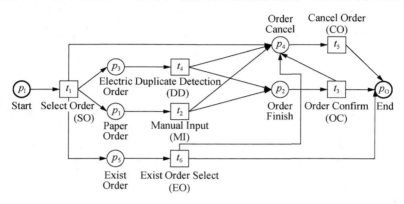

图 5-5　目标约束的业务流程模型

定义 5-2（GWF-net）　　GWF-net 是一个六元组 $GN = (P, T, F, M_0, GM, f)$，这里 (P, T, F) 是一个 WF-net，M_0 是初始标识，GM 是目标模型，$f: T \rightarrow G$ 是将每个变迁指派一个目标的函数（G 是 GM 的目标集）。

由定义 5-2 可得到如图 5-5 所示的 GWF-net。例如，目标和变迁的序列 $< (t_1, SO), (t_2, MI), (t_3, OC) >$ 表示了物流配送的纸质订单的预订行为，每个变迁都带有一个完成的目标，如变迁 t_1 被指派的目标为 SO，$f(t_1) = SO$；变迁 t_2 被指派的目标为 MI，$f(t_2) = MI$；变迁 t_3 被指派的目标为 OC，$f(t_3) = OC$；其他情形类似。

定义 5-3（变迁规则或点火规则）　　设 $GN = (P, T, F, M_0, GM, f)$ 是一个 GWF-net 和一个带目标约束为 $g = f(t)$ 的变迁 t，这里 $t \in T$，能够从标识为 M_i 的状态迁移到标识为 M_{i+1} 的状态，记为 $M_i \xrightarrow{(t,g)} M_{i+1}$，当且仅当满足以下 3 个条件：

1）变迁使能：$M_i \geq {}^{\bullet}t$；

2）标识计算：$M_{i+1} = (M_i - {}^{\bullet}t) + t^{\bullet}$；

3）目标自包含：$g \in G$，G 是目标模型 GM 中的目标集。

GWF-net 的变迁规则用来定义 GWF-net 的执行轨迹。

定义 5-4（GWF-net 的轨迹）　　设 $GN = (P, T, F, M_0, GM, f)$ 是一个 GWF-net，它的行为是通过触发变迁所经过的标识序列 $M_0, \cdots, M_n$ 所形成的轨迹来表示的，每个标识的变化都是通过使能变迁触发的，即 $M_i \xrightarrow{t_i, g_i} M_{i+1}$，这里 $g_i \in G$（$0 \leq i \leq n-1$），称为 GWF-net 上的轨迹，这条轨迹记为 $M_0 \xrightarrow{(t_0, g_0)} M_1 \xrightarrow{(t_1, g_1)} \cdots \xrightarrow{(t_{n-1}, g_{n-1})} M_n$，连接轨迹的变迁可得到变迁序列 $\sigma = (t_0, g_0)(t_1, g_1) \cdots (t_{n-1}, g_{n-1})$，则有 $M_0[\sigma > M_n$，即使用变迁序列 σ 去表示 GWF-net 一个流程的特定行为。

在图 5-5 中，$\sigma_1 = (t_1,\text{SO})(t_2,\text{MI})(t_3,\text{OC})$ 是 GWF-net 的一个流程执行行为的变迁序列，它同时表达一个从目标模型 GM 选择出的目标产品 {OB,SO,PO,MI,OC} 的具体需求，简记为 $\text{GS} \subseteq G$。用 Sem(GN,GS) 表示一个从根目标出发到终端目标的目标序列的轨迹，现在可以对某个目标模型定义 GWF-net 上代表所有行为的变迁序列。

定义 5-5（GWF-net 的行为）　给定一个 GWF-net，$\text{GN} = (P,T,F,M_0,\text{GM},f)$，记 Sem(GN) 为所有流程执行行为关联的目标序列集：$\text{Sem(GN)} = \bigcup\limits_{\text{GS} \subseteq G} \text{Sem(GN,GS)}$。

定义 5-6（投影）　给定一个 GWF-net　$\text{GN} = (P,T,F,M_0,\text{GM},f)$ 和一个目标序列 $\text{GS} \subseteq G$，GN 在 GS 上的投影定义为 $\pi_{\text{GS}}(\text{GN})$，这个投影是一个 WF-net $\text{WN} = (P,\ T',\ F',M_0)$，则

1）变迁 $T' = T \setminus \{t \in T \mid f(t) \notin G'\}$；

2）流关系 $F' = F \bigcap ((P \times T') \bigcup (T' \times P))$。

例如，设 $\text{GS} = (\text{OB,SO,PO,MI,EO,DD,OC})$，则图 5-5 在 GS 上的投影结果就是图 5-2（b）的一个变体。

5.3.2　GWF-net 配置

当前获取可配置业务流程模型可变点的研究方法见参考文献[9]和[26]，本小节采用基于流程行为继承理论的方法，因此，可以通过对特定领域分析出的业务流程中的可变变迁（在图形中用加粗的方框表示）进行 3 种配置操作形成可配置的 GWF-net，3 种配置操作分别是 allowed、hidden 及 blocked。3 种配置操作的语义：blocked 表示当前活动的后继活动不可执行，从而后继状态也不可达；hidden 表示当前活动的执行是不可观察的，流程在执行的时候相当于跳过当前活动，但相应的后继活动继续执行，后继状态也同样可达，这个活动可视为哑活动（skip）；enabled 表示作为流程的常规活动执行。为配置这个 GWF-net，每个变迁都需指派一个配置操作值 hidden、blocked 或 allowed。

定义 5-7（GWF-net 配置）　设 $\text{GN} = (P,T,F,M_0,\text{GM},f)$ 是一个 GWF-net，$F_N: T \to \{\text{allow,hide,block}\}$ 是对 GN 进行配置操作的函数，则：① $F_N(t) = \text{allow}$ 变迁 allowed；② $F_N(t) = \text{blocked}$ 变迁 blocked；③ $F_N(t) = \text{hidden}$ 变迁 hidden。

包含可变变迁的 GWF-net 称为可配置 GWF-net，从定义 5-7 中得出如下结论：

1）$A_N^c = \{t \in T \mid F_N(t) = \text{allow}\}$ 所有 allowed 变迁集；

2）$H_N^c = \{t \in T \mid F_N(t) = \text{hide}\}$ 所有 hidden 变迁集；

3）$B_N^c = \{t \in T \mid F_N(t) = \text{block}\}$ 所有 blocked 变迁集。

在图 5-6 所示的可配置目标业务流程模型中，变迁 t_2,t_3,t_4 是 3 个可变变迁，它们允许 3 种配置操作，即可将 3 种配置操作根据具体的业务需求指派一种操作。

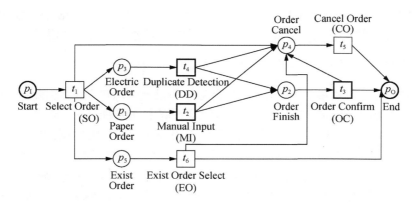

图 5-6　可配置目标约束业务流程模型

□—可配置变迁

定义 5-8（配置后的 GWF-net）　　设 $GN = (P,T,F,M_0,GM,f)$ 是一个可配置 GWF-net 且 F_N 是 GN 的配置，则配置后的 GWF-net，$C_N(N,F_N) = (P^c,T^c,F^c,M_0,GM^c,f^c)$ 满足如下条件：

1）$T^c = (T \setminus (B_N^c \bigcup H_N^c)) \bigcup \{skip_t \mid t \in H_N^c\}$；

2）$F^c = (F \bigcap ((P \bigcup T^c) \times (T^c \bigcup P))) \bigcup \{(p, skip_t) \mid (p,t) \in F \wedge t \in H_N^c\} \bigcup \{(skip_t, p) \mid (t,p) \in F \wedge t \in H_N^c\}$；

3）$P^c = (P \bigcap \bigcup_{(x,y) \in F^c} \{x,y\}) \bigcup \{p_{Start}, p_{End}\}$；

4）$GM^c = (G^c, C^c, D^c)$，这里 $G^c \subseteq G$，$C^c: G^c \times \{\rightarrow\} \times G^c$，$D^c: G^c \times \{Or, And\} \times G^c$；

5）$f^c: T^c \rightarrow G^c$。

条件 1）、2）、3）的含义请参考文献[41]，条件 4）表示可配置后的目标模型；条件 5）表示配置变迁到配置目标的映射。

从可配置目标业务流程通过一系列的配置操作可获取一个满足用户特定需求的个性化业务流程模型。

5.4　GWF-net 配置的正确性分析

为了保证 GWF-net 表示的可配置业务流程模型的正确性，一般说来，要考虑 3 个问题：①如何保证 GWF-net 的正确性；②如何保证 GWF-net 配置过程中的正确性；③如何保证 GWF-net 配置后的正确性。由于问题①是后两个问题成立的前提，也就是说只有在保证 GWF-net 正确的前提下，才考虑 GWF-net 配置过程和配置后 GWF-net 的正确性，因此，本节将着重讨论问题①，后两个问题另外阐述。

5.4.1　GWF-net 需求约束的时序逻辑表示

GWF-net 是对传统的 WF-net 增加目标模型以反映用户需求，因此，检测与分析 GWF-net 的正确性应该要考虑这个模型是否满足目标的约束。事实上，可将用户的需求目标视为 GWF-net 的约束，对于 GWF-net 存在 3 类约束：定义 5-1 中讨论的两类约束，即前后依赖约束关系和分解约束关系；第三类约束为可配置业务流程模型中的"Requirements"或"Guidelines"约束关系，"Requirements"约束是指业务流程执行时必须遵循的约束（必选规则），"Guidelines"约束是指业务流程执行时的指导性约束（可选规则）。3 种约束关系在一般情形下都能通过目标来体现，为讨论 GWF-net 的正确性，分为两步来进行：第一，分析和检测 GWF-net 的合理性；由文献[21]可知，流程的合理性可以通过可达性或活性等其他属性来表示，本节讨论可达性；第二，分析和检测 GWF-net 的语义正确性，包括可配置业务流程和需求之间的一致性及目标之间的正确性约束关系等，为了统一形式化表达这些约束和属性，这些性质都用线性时序逻辑来表示。

定义 5-9［属性（约束）］ φ 是一个 LTL 公式，表示如下：

$$\varphi := 1 \mid a(a \in AP) \mid \varphi_1 \wedge \varphi_2 \mid \neg\varphi \mid \bigcirc\varphi \mid \varphi_1 U \varphi_2 \tag{5-1}$$

这里，AP 是原子命题集合，它能够通过变迁或变迁的组合来表示。属性（约束）是对有穷或无穷流程行为序列满足的性质，GWF-net 中变迁序列 σ 的属性可用如下序列表示：

$$\sigma \models 1$$
$$\sigma \models a \Leftrightarrow a \in L(\text{head}(\sigma))$$
$$\sigma \models \varphi_1 \wedge \varphi_2 \Leftrightarrow \sigma \models \varphi_1 \wedge \sigma \models \varphi_2$$
$$\sigma \models \neg\varphi \Leftrightarrow \sigma \not\models \varphi$$
$$\sigma \models \bigcirc\varphi \Leftrightarrow \sigma_1 \models \varphi$$
$$\sigma \models \varphi_1 U \varphi_2 \Leftrightarrow (\exists i \geq 0 \bullet \sigma_i \models \varphi_2) \wedge (\forall j \in [0, i-1] \bullet \sigma_j \models \varphi_1)$$

这里 $L(\text{head}(\sigma))$ 表示变迁序列 σ 中第一个变迁首个状态的标签，σ_i 表示变迁序列 σ 的第 $i-1$ 个状态后的尾部。

定义 5-10　给定一个 GWF-net GN 和 LTL 公式 φ，GN $\models \varphi$ 当且仅当 $\forall \sigma \in$ Sem(GN)，$\sigma \models \varphi$。

命题通过定义 5-4、定义 5-5 和定义 5-9 很容易得到证明。

5.4.2　GWF-net 配置的语义正确性

业务流程逻辑结构的正确性主要针对业务流程的控制流分析，即分析流程模型的活动执行序列的相关属性。在 Aalst 等[21]提出的工作流中，对流程控制流的分析主要是用合理性（soundness）这一指标进行衡量的，如强合理性、弱合理性等。流程的合理性可以通过流程其他属性来表达，如可达性或活性等。已有相关的文献对流程模型的合理性进行了详细的讨论，由于篇幅有限，本小节主要讨论在保证 GWF-net 配置的逻辑结构正确的前提下，如何考虑保证 GWF-net 配置语义的正确性。根据第 5.3 节所述，需要考虑满足 GWF-net 与用户需求之间的约束，即根据定义 5-9 和命题 5-10，在特定用户需求的条件下检测 GWF-net 变迁的配置正确性。

如定义 5-7 所述，GWF-net 中的任何一个变迁都有可能配置 3 种操作：allow、blocked 或 hidden，则由定义 5-7 可定义配置语法如下：

$$u_t \mid_{F_N} ::= t \text{ allow} \mid t \text{ hidden} \mid t \text{ blocked} \tag{5-2}$$

这里 $t \in T$ ，给定 $\text{GS} \subseteq G$ ， F_N 如定义 5-7 所述的函数，则修改目标选择 GS 的规则为

$$
\begin{cases}
\text{GS} \xrightarrow{\ t \text{ allow}\ } \text{GS} \cup \{f(t)\} \\[4pt]
\text{GS} \xrightarrow{\ t \text{ hidden}\ } \text{GS} \\[4pt]
\text{GS} \xrightarrow{\ t \text{ blocked}\ } \text{GS} \setminus \{f(t)\} \\[4pt]
\dfrac{\text{GS} \xrightarrow{\ u_{t_0}\ } \text{GS}' \quad \text{GS}' \xrightarrow{\ u_{t_1}\ } \text{GS}''}{\text{GS} \xrightarrow{\ u_{t_0};u_{t_1}\ } \text{GS}''}
\end{cases}
\tag{5-3}
$$

定义 5-11 （GWF-net 变迁点火规则）　给定一个可配置 GWF-net $\text{GN} = (P,T,F,M_0,\text{GM},f)$ 和一个初始目标选择 $\text{GS}_0 \subseteq G$ ，变迁 $t \in T$ ，则 t 触发后会导致系统从状态 (M_i,GS_i) 转换到状态 $(M_{i+1},\text{GS}_{i+1})$ ，记为 $(M_i,\text{GS}_i) \xrightarrow{\ t_i,g_i\ } (M_{i+1},\text{GS}_{i+1})$ ，当且仅当

1）使能： $M_i \geqslant {}^{\cdot}t$ ；

2）计算： $M_{i+1} = (M_i - {}^{\cdot}t) + t^{\cdot}$ ；

3）满足： $\text{GS}_i \models \varphi_t$ ；

4）目标修改： $\text{GS}_i \xrightarrow{\ u_t\ } \text{GS}_{i+1}$ 。

这里， u_t 为在变迁 t 触发所做的目标修改； φ_t 为定义 5-9 所表示的逻辑表示式，用来表示变迁 t 触发后的需求约束。

定义 5-12（目标实现）　设 GN 是可配置 GWF-net，设 $g_i \in G$ 是目标模型 GM

中的目标，如果在 GN 中存在一个变迁满足 g_i，则存在一条变迁序列 σ_{GN}，且 $\sigma_{GN} \models g_i$，则称 GN 实现目标 g_i，即 $GN \Rightarrow g_i$。

当用户根据自身的需求向可配置业务流程定制个性化流程时，会将自己的特定需求提交给系统，系统则会对提交的需求进行分析，并从可配置业务流程中派生出满足需求的个性化流程，因此，这个特定流程的目标约束与用户的需求要保持一致性，有以下定理。

定理 5-1（目标约束一致性）　　设 $GN = (P, T, F, M_0, GM, f)$ 是一个可配置 GWF-net，$GS_1, \cdots, GS_n \in GS$ 是 GN 配置的一个目标序列，设 $\phi_1, \cdots, \phi_n \in \Phi$ 是目标用户需求的 LTL 公式，如果 $GS \models \Phi$，则 GN 满足用户目标约束一致性（即 $GN \Rightarrow \Phi$）。

证明： 由 $GS \models \Phi$ 并结合定义 5-11 可知，$\forall \phi_i \in \Phi$，$\exists t_i \in T$，$(GS_i \wedge GS_{i+1}) \in G$，s.t,$(M_i, GS_i) \xrightarrow{t_i, g_i} (M_{i+1}, GS_{i+1})$，这里的 $g_i \in GS_i$，因此有 $GS_i \models \phi_i$，从而在 GN 中存在一条变迁序列 σ_{GN}，使得 $\sigma_{GN} \models \Phi$，又因为公式 Φ 是表示用户期望的目标，所以由定义 5-12 知，$GN \Rightarrow \Phi$，定理得证。证毕。

图 5-7 所示为图 5-6 的修改模型（为简单起见，省略取消订单和已有订单两个变体）。

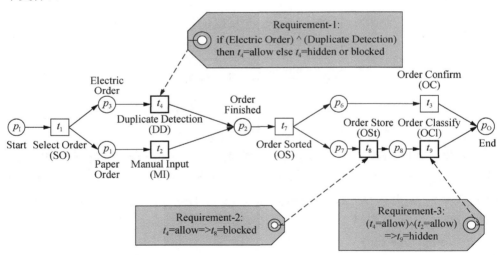

图 5-7　需求约束的部分 GWF-net 模型

在图 5-7 中，增加 3 个库所 p_6, p_7, p_8 和 3 个变迁 t_7, t_8, t_9。根据实际用户的需求，为保证可配置业务流程的正确性，需要满足 3 个 Requirements，如下表达式所示。

1）Requirement-1：

if (Electric Order)$\wedge$(Duplicate Detection) then t_4=allow

$$\text{else } t_4 = \text{hidden or blocked} \tag{5-4}$$

这个需求表明如果选择电子订单，则变迁 t_4 将会 allowed。

2）Requirement-2：

$$t_4 = \text{allow} \Rightarrow t_8 = \text{blocked} \tag{5-5}$$

这个需求表明电子订单不需要存储，同时分类也取消了，在流程中 t_8 被 blocked。

3）Requirement-3：

$$(t_4 = \text{allow}) \wedge (t_2 = \text{allow}) \Rightarrow t_9 = \text{hidden} \tag{5-6}$$

这个需求表明，当电子订单和纸质订单都选择的时候变迁 t_9 将被 hidden，成为一个哑动作（skip）。

由定义 5-9 知，可将上述 3 个 Requirements 表示为目标的 LTL 公式，如可将 Requirement-2 表示为

$$\begin{aligned} \varphi_1 = \ &\text{Duplicate Detection} \\ &\Rightarrow (\neg \text{Order Store}) \\ &\wedge (\neg \text{Order Classify}) \end{aligned} \tag{5-7}$$

Requirement-3 表示为

$$\begin{aligned} \varphi_2 = \ &(\text{Duplicate Detection}) \\ &\wedge (\text{Manul Input}) \Rightarrow (\text{Order Store}) \\ &\wedge (\neg \text{Order Classify}) \end{aligned} \tag{5-8}$$

因此，在需求的引导下对图 5-7 所示的可配置流程模型进行配置操作能够派生出满足用户需求的某些特定流程，如图 5-8 所示。

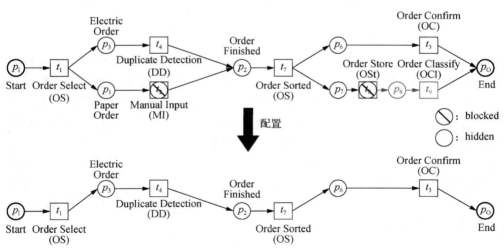

（a）通过blocked操作配置GWF-net

图 5-8　可配置 GWF-net 的配置过程

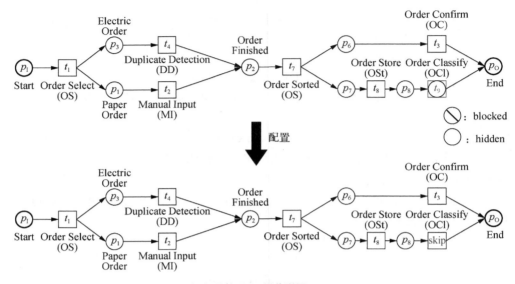

（b）通过hidden操作配置GWF-net

图 5-8（续）

图 5-8（a）是通过满足 Requirement-1 和 Requirement-2 配置出来的特定流程，而图 5-8（b）是通过满足 Requirement-1 和 Requirement-3 配置出来的特定流程。

本 章 小 结

本章首先提出了一个基于目标模型的可配置业务流程模型正确性的分析方法。这种方法是通过将目标加入 WF-net，从而将用户的需求整合到业务流程模型中；然后通过增加配置操作将用 GWF-net 表示的业务流程模型转换成可配置业务流程模型；最后提出这种可配置业务流程的分析方法，通过对流程模型的结构性及流程配置与用户需求之间的目标约束一致性讨论，为保证业务流程的有效性提供一种行之有效的方法。下一步工作主要从配置过程中满足的性质入手，重点讨论用户需求一致性分类和条件，然后使用相关工具对其进行分析与验证，指导设计分析人员适时地去调整和改善业务流程模型，从而使业务流程能够快速适应云计算环境中的复杂性和动态性。

第 6 章　基于数据流的可配置业务流程的分析与验证

本章介绍一种基于 CPN 和模型检测技术结合的数据流约束的业务流程可变性配置管理分析与验证方法，该方法能利用模型检测技术对业务流程可变性配置管理中的数据流约束的正确性进行分析与验证，实现对用户进行个性化业务流程配置的支撑。

6.1　引　　言

在开发多个相似软件系统时，为了获取更多的经济效益，在软件生命周期中提高重用功能是软件产品线工程[58,104-108]里的热点研究领域。可配置的流程模型[13,14]以可控的方式使不同企业之间共享公共业务流程成为可能，因此，这种流程模型可以被视为决策模型。它在业务流程模型的设计过程中通过流程配置限制了业务流程模型可能潜在的异常行为。在可配置业务流程模型中，过程的配置操作有 3 种：隐藏（hiding）、阻止（blocking）或允许（allowing）[9]，因此，可以用这 3 种配置操作在软件分析师的设计需求或指导下从一个可配置业务流程模型配置出满足特定用户需求的个性化业务流程模型[34]。在这个配置过程中，尽管有分析师提供一定的业务规则方面的指导，但还不足以保证配置出的个性化模型从语法和语义的角度上都是正确的。事实上，因为隐藏或阻止一些片段和人为的手工干预，配置出的个性化业务流程模型可能会存在行为的异常，如死锁和活锁，所以对可配置业务流程在配置过程中或配置后进行多视角的分析和验证是一个非常重要的问题。

已有的研究可配置业务流程模型的验证方法可分为两大部分：①侧重控制流的角度，但缺少流程其他重要方面如数据、资源等方面的分析[42,44-47,51]；②侧重流程配置的语法分析，但并未提供统一保证配置流程模型行为（即语义）正确性[38,40,51,85,109-115]的技术，而且这些研究也都仅关注对通用业务流程模型如WF-net[116]进行修改。为了弥补这些缺陷，本章提出应用数据流对可配置业务流程模型进行扩充的方法，应用该方法在分析业务流程时不仅能反映流程的控制流也能反映数据流，从而可以在可配置业务流程配置中处理流程中的数据流。该方法首先使用 CPN[93,124]作为形式化模型表示增加数据流后的业务流程模型,通过流程配置操作将这个业务流程模型转换为可配置业务流程模型;然后使用 CPN 工具集分析和验证可配置业务流程模型中控制流和数据流的正确性。

着色 Petri 网是用数据、时间和层次对传统经典 Petri 网进行扩充而来的形式体系,对模型的这些扩充使得应用 CPN 对控制流之外的流程如资源等进行建模成为可能。

6.2　研究动机

数据流是工作流模型中的一个重要组成部分,工作流中的活动需要某些确定的数据信息作为输入条件才能执行,同时活动执行完成后也会产生某些数据信息供后继活动或外界应用程序使用。因此,数据流信息对可配置业务流程模型同样重要,在可配置业务流程模型中将数据流信息融入控制流同时进行分析和验证是非常重要的,从而在具体的业务流程模型执行过程中能很好地反映数据流信息,使其更有效地应用于实际场景中。

本章主要是利用 CPN 能够对数据、时间和层次进行建模分析的特征,应用 CPN 对控制流之外的流程如资源等进行建模。一般情形下 CPN 表示的只是通用的业务流程模型,是指在给定领域基础上设计业务流程模型并在相同的应用领域抽象数据模型,然后将数据流(也即变迁)作为约束条件加在 CPN 模型中,从而可以通过配置操作用增加数据流的 CPN 模型表示可配置业务流程模型。因此,可以使用 CPN 模型和相关工具集验证可配置业务流程模型的控制流和数据流的正确性,其研究架构如图 6-1 所示。

由图 6-1 可知,主要解决以下 4 个问题:①在大数据环境下,如何应用 CPN 模型表示业务流程,主要是研究与分析业务流程控制流的表达方式;②在特定领域中,如何分析与抽取反映业务流程活动执行时的数据流约束模型及数据之间的依赖关系,以及如何将其映射到①中形成 CPN 模型;③在①和②的基础上,如何将数据流约束的业务流程 CPN 模型通过配置操作转化为基于数据流的可配置业务流程 CPN 模型,并使用 ASK-CTL 公式表示该模型在特定领域下应满足的数据约束属性;④如何应用可配置业务流程的 CPN 模型及相关工具集进行分析与验证,以及如何使用 CPN 工具集提供的 ASK-CTL 模块分析与验证可配置业务流程模型中期望的属性。

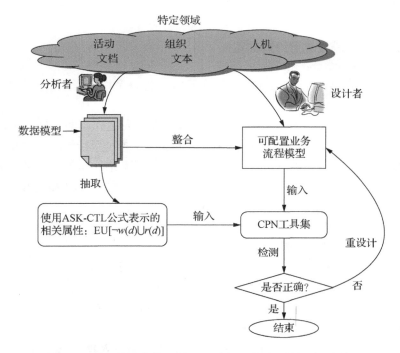

图 6-1　基于数据流的可配置业务流程模型分析与验证框架

6.3　基于数据流的可配置业务流程模型

本节给出基于数据流的可配置业务流程模型的形式定义。

6.3.1　整合数据流到业务流程模型

为了将数据流整合到业务流程模型中，需先给出数据流的基本概念，然后将数据流模型加入到 CPN 模型中，其形式定义如下。

定义 6-1（数据模型）[51,77]　设 $D(d_1, \cdots, d_n \in D)$ 是一个数据元素集，假设在数据集 D 上有数据表达式集 $E_D = \{e_1, \cdots, e_n\}$，则给定一个函数 $l : E_D \to 2^D$（2^D 表示数据集 D 上数据元素的幂集），换言之，若有将每个数据表达式 $e_i(e_i \in \prod)$ 映射到数据集 D 上的一个元素集，如 $l(e) = \{d_1, \cdots, d_n\}(e \in E_D)$，则数据表达式标记为 $e(d_1, \cdots, d_n)$，意味着数据表达式 e 依赖于 $\{d_1, \cdots, d_n\}$。

定义 6-2（CPN_D）　基于数据流的 CPN 是元组 $CPN_D = (P, P_D, T, A, \sum, D, V,$ $C, G, R, W, E, I)$，这里：

1）P，T，A，$\sum$，E 与着色 Petri 网（CPN）中的语义相同；

2）V 为变量集；

3）D 是业务流程模型的数据集；

4）P_D 为业务流程数据库所集；

5）$C:(P \rightarrow \sum)\bigcup(P_D \rightarrow D)$ 是颜色集函数，将每个库所指派一个颜色集（包括数据库所）；

6）$G:T \rightarrow \mathrm{EXPR}_v \bigcup E_D$ 是护卫函数，包括数据表达式，$\mathrm{Type}[G(t)]=\mathrm{Bool}$；

7）$R:P_D \times T \rightarrow E_D$ 是读弧函数，将每个读弧（读操作）指派一个数据表达式；

8）$W:T \times P_D \rightarrow E_D$ 是写弧函数，将每个写弧（写操作）指派一个数据表达式；

9）$I:(P \rightarrow \mathrm{EXPR}_\varnothing)\bigcup(P_D \rightarrow E_D)$ 是初始化函数，与 CPN 中的初始化函数相类似，这里包括数据表达式；

10）满足以下条件：

$$P\bigcup P_D \bigcup T \neq \varnothing$$
$$\wedge(P\bigcap T=\varnothing \wedge P\bigcap P_D=\varnothing \wedge P_D\bigcap T=\varnothing)$$
$$\wedge(A\subseteq(P\times T\bigcup T\times P)\wedge R\subseteq P_D\times T\wedge W\subseteq T\times P_D)$$
$$\wedge(\mathrm{dom}(A)\bigcup\mathrm{cod}(A)\bigcup\mathrm{cod}(R)\bigcup\mathrm{dom}(W)=P\bigcap T)$$
$$\wedge(\mathrm{dom}(R)\bigcup\mathrm{cod}(W_r)=P_D)$$

这里，dom 和 cod 分别是其关联系统的前驱集和后继集，P_D 是数据库所集，A 是流关系，R 和 W 分别是读关系和写关系。

图 6-2 所示的是基于数据流的 CPN 模型。其中，$dp_i \in P_D$ 是数据库所（用加阴影的椭圆表示），$D_i \in D$ 是相关数据库所的颜色集，$p_i \in P$ 是控制流库所且是相关颜色集，$t_i \in T$ 是模型 CPN_D 中的变迁。在图 6-2 中，当护卫表达式 guard(v) 值为真时，t_2 被激活；否则，t_3 被激活。模型中读弧用带字母 "r" 的箭头表示，写弧用带字母 "w" 的箭头表示，如变迁 t_1 通过读弧从数据库所 dp_0 读取颜色为 d_1 的数据，然后被激活执行，记为 $r(dp_0,t_1)=d_1$，触发执行后，将会产生结果为 d_2 的数据，记为 $w(t_1,dp_1)=d_2$。

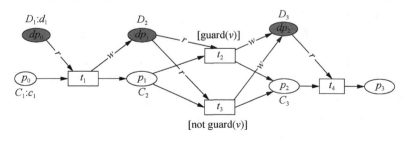

图 6-2　基于数据流的 CPN 模型

定义 6-3　设 CN 是一个基于数据 D 的着色 Petri 网 CPN_D，则

1）标识（M）：指每个库所的托肯多重集，$M(p) \in C(p)_{MS}$，这里 $p \in P \bigcup P_D$；

2）初始标识（M_0）：$M_0(p) = I(p)$，$\forall p \in P \bigcup P_D$；

3）变迁中的变量：$\text{Var}(t) \subseteq V$；

4）变迁的绑定：为变迁中的每个变量 v（$v \in \text{Var}(t)$）指派值为 $b(v)(b(v) \in \text{Type}[v])$，变迁中所有变量的绑定记为 $B(t)$；

5）绑定元素：这是一个匹配对 (t,b)，$t \in T$，$b \in B(t)$，所有变迁 t 中的绑定元素集记为 $\text{BE}(t) = \{(t,b) \,|\, b \in B(t)\}$，模型中所有变迁的绑定集记为 BE；

6）变迁步：$Y \in \text{BE}_{MS}$。

定义 6-4 标识为 M 中的一个绑定元素 $(t,b) \in \text{BE}$ 使能当且仅当：

1）$G(t)\langle b \rangle$；

2）$\forall p \in P : E(p,t)\langle b \rangle <<= M(p)$，$\forall dp \in P_D : R(p,t)\langle b \rangle <<= M(p)$；

3）当绑定元素 $(t,b) \in \text{BE}$ 出现时，后继标识 M' 将由下面公式决定：

$$M'(p) = \begin{cases} (M(p) -- E(p,t)\langle b \rangle) ++ E(t,p)\langle b \rangle, & p \in P \\ (M(p) -- R(p,t)\langle b \rangle) ++ W(t,p)\langle b \rangle, & p \in P_D \end{cases}$$

条件 1）表示在绑定 b 中变迁 t 所有护卫表达式的值为真；条件 2）表示满足变迁 t 使能的每个输入库所中托肯，在图 6-2 中，变迁 t_1 使能当且仅当库所 p_0 和数据库所 dp_0 中托肯数都不少于 1；条件 3）表示在变迁 t 发生后标识 M' 中的托肯分布，分为两部分：控制流库所 $p \in P$ 中的托肯分布和数据流库所 $p \in P_D$ 的托肯分布。

定义 6-5 在标识为 M 中的一个变迁步 $Y \in \text{BE}_{MS}$ 使能当且仅当：

1）$\forall (t,b) \in Y : G(t)\langle b \rangle$；

2）$\forall p \in P : \sum_{MS}^{++} {}_{(t,b) \in Y} E(p,t)\langle b \rangle <<= M(p)$，$\forall p \in P_D : \sum_{MS}^{++} {}_{(t,b) \in Y} R(p,t)\langle b \rangle <<= M(p)$；

3）当 Y 在 M 后，后继标识 M' 由下列公式决定：

$$M'(p) = \begin{cases} (M(p) -- \sum_{MS}^{++} {}_{(t,b) \in Y} E(p,t)\langle b \rangle) ++ \sum_{MS}^{++} {}_{(t,b) \in Y} E(t,p)\langle b \rangle, & p \in P \\ (M(p) -- \sum_{MS}^{++} {}_{(t,b) \in Y} R(p,t)\langle b \rangle) ++ \sum_{MS}^{++} {}_{(t,b) \in Y} W(t,p)\langle b \rangle, & p \in P_D \end{cases}$$

条件 3）表示标识 M' 通过 Y 步由 M 直接可达。

6.3.2 业务流程的配置

整合数据流的可配置业务流程模型中的可变点主要为可变变迁，因此，可配置模型中的变迁分为两类：可配置变迁 T_v 和常规变迁 T_r。其中，可配置变迁 T_v 可能会进行 3 种配置，即 allowed、hidden 或 blocked，因此基于数据流的可配置业务流程模型会通过可变变迁的配置决策派生出不同的个性化业务流程模型，然后通过流程引擎进行执行。

定义 6-6（可配置 CPN_D） 设 CN 是一个 CPN_D，CN^c 是相应的添加配置操作的可配置业务流程模型，在模型中，存在一个可配置变迁集，这个变迁集中的每个变迁都可以配置 3 种配置操作，即存在一个配置函数 $F_{CN}: T_v \to \{allowed, hidden, blocked\}$，则① $F_{CN}(t) = allow$，$t \in T_v$ 配置为 allowed；② $F_{CN}(t) = blocked$，$t \in T_v$ 配置为 blocked；③ $F_{CN}(t) = hidden$，$t \in T_v$ 配置 hidden。

得出如下结论：

1）$(T = T_v \bigcup T_r) \wedge (T_v \bigcap T_r = \varnothing)$；

2）$A_{CN}^c = \{t \in T_v \mid F_{CN}(t) = allow\}$ 配置操作为 allowed 变迁集；

3）$H_{CN}^c = \{t \in T_v \mid F_{CN}(t) = hidden\}$ 配置操作为 hidden 变迁集；

4）$B_{CN}^c = \{t \in T_v \mid F_{CN}(t) = block\}$ 配置操作为 blocked 变迁集。

图 6-3 所示由图 6-2 通过增加配置操作形成的可配置业务流程模型（可变变迁用加粗的框表示），在变迁 t_2 使能后，它的执行会生成数据 $d_3 \in D_3$，但可配置变迁 t_4 将会根据数据 d_3 的值来确定配置何种配置操作，即允许执行、阻隔或隐藏变迁，因此在这个可配置业务流程模型中，t_4 是可配置变迁，即 $T_v = \{t_4\}$，$T_r = \{t_1, t_2, t_3\}$。

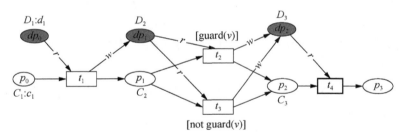

图 6-3　基于数据流的可配置 CPN 模型

定义 6-7（配置后的 CPN_D） 设 CN^c 是可配置 CPN_D，F_{CN} 是 CN^c 的一个配置函数，则在这个配置函数下的配置后的业务流程模型为 $C_N(CN^c, F_N) = (P^c, P_D^c, T^c, A^c, \sum, D, V, C, G, R^c, W^c, E, I)$，且满足以下条件：

1）$T^c = (T \setminus (B_{CN}^c \bigcup H_{CN}^c)) \bigcup \{skip_t \mid t \in H_{CN}^c\}$；

2）$A^c = (A \bigcap ((P \bigcup T^c) \times (T^c \bigcup P))) \bigcup \{(p, skip_t) \mid (p, t) \in A \wedge t \in H_{CN}^c\} \bigcup \{(skip_t, p) \mid (t, p) \in A \wedge t \in H_{CN}^c\}$；

3）$P^c = (P \bigcap \bigcup_{(x, y) \in A^c} \{x, y\}) \bigcup \{p_{Start}, p_{End}\}$；

4）$R^c = R \bigcap ((P_D \times T^c) \bigcup (P_D \times T_r))$；

5）$W^c = W \bigcap ((T^c \times P_D) \bigcup (T_r \times P_D))$；

6）$P_D^c = (\bigcup_{(x,t) \in R^c} \{x\}) \bigcup (\bigcup_{(t,y) \in W^c} \{y\})$。

当护卫表达式 guard(v) 的值为真时，变迁 t_4 被指派的配置操作为 hidden，则图 6-3 配置后的业务流程模型如图 6-4（a）所示；如果 $F_{CN}(t_4) = $ blocked，图 6-3 配置后的业务流程模型如图 6-4（b）（整合库所 p_2 和 p_3 为融合库所 p_{23}，用加粗标记）所示。在图 6-4（a）中，因 $F_{CN}(t_4) = $ hidden，$H_{CN}^c = \{t_4\}$，则变迁 t_4 将会跳过（skip），而其他变迁都属于常规变迁 T_r，所以 $A_{CN}^c = B_{CN}^c = \varnothing$。

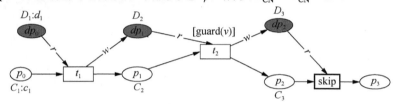

（a）由 hidden 配置变迁 t_4 后的业务流程模型

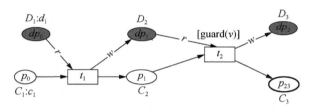

（b）由 blocked 配置变迁 t_4 后的业务流程模型

图 6-4　配置变迁 t_4 的业务流程模型

6.3.3　基于数据流的可配置业务流程模型的分析

为了保证基于数据流的可配置业务流程的正确性，一般将这个问题分为两个层次讨论：①如何保证基于数据流的可配置业务流程模型的控制流正确性；②如何保证基于数据流的可配置业务流程模型的数据流正确性。因此，讨论可配置业务流程模型的正确性分为两个阶段：首先分析和验证基于数据流的可配置业务流程模型的健壮性，因为业务流程模型的控制流正确性是通过模型的健壮性表达的；然后分析和检测基于数据流的可配置业务流程模型的数据正确性。通常在 CPN 模型中，使用 ASK-CTL 公式形式化表示模型的控制流和数据流的正确性。

在本节，提出验证可配置业务流程模型数据流的相关属性，以说明模型对数据流正确性的需求，在这里采用文献[55]提出的数据反模式表示数据流的正确性需求。一般来说，存在 3 种数据反模式：缺失数据、冗余数据和更新丢失数据。这几种数据反模式可以用 ASK-CTL 中的逻辑表达式表示。

定义 6-8（缺失数据） 如果在基于数据流的可配置业务流程模型中存在一条路径，其数据模型为 D，且在这个路径的数据流中存在一个数据元素 $d\,(d \in D)$ 在被某个变迁读之前没有任何一个变迁对它进行写操作，则称产生缺失数据元素 d 的错误，用 ASK-CTL 表示如下：

$$EU[\neg w(d) \bigcup r(d)] \tag{6-1}$$

缺失数据错误情形如图 6-5 所示，当护卫表达式 $guard(v) = false$ 并且 $F_{CN}(t_4) = allow$ 时，变迁 t_3 执行，此时未对数据库所 dp_2 进行数据 d_3 的写操作，因此，数据库所 dp_2 中为空数据，而变迁 t_4 需要读入数据 d_3，此时则处理数据 d_3 缺失错误状态。

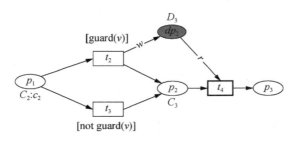

图 6-5 可配置业务流程的缺失数据模式

推论 6-1（缺失数据检测） 设 $\wp$ 是一个基于数据流的可配置业务流程模型，D 为数据对象集，假定 $QS_\wp$ 是模型 $\wp$ 上的所有完整路径集（包括起始和终止活动），则在模型中不存在缺失数据错误当且仅当任何一种路径都不存在缺失数据错误，形式上：

$$\forall \sigma \in QS_M : M, \sigma \models \neg(EU[\neg w(d) \bigcup r(d)]), r \in R, w \in W, d \in D \tag{6-2}$$

冗余数据错误主要是指在流程执行的过程中，由某些任务产生的数据不被任何一个任务访问。这些数据被称为冗余数据。

定义 6-9（冗余数据） 如果在基于数据流的可配置业务流程模型中存在一条路径，路径中有一个数据元素 $d\,(d \in D)$ 不被任何变迁读取，则此数据元素 d 是冗余的，用逻辑 ASK-CTL 表示如下：

$$EU[w(d) \wedge EU[\neg r(d) \bigcup (w(d) \wedge \neg r(d))]] \tag{6-3}$$

冗余数据错误情形如图 6-6 所示，变迁 t_1 执行，在数据库所 dp_1 进行写数据 d_2 的操作，而未被任何变迁进行读取，则数据 d_3 处于冗余数据错误状态。

推论 6-2（冗余数据检测） 设有基于数据流的可配置业务流程模型 $\wp$，变迁集为 T，D 为数据元素集，假设 $QS_\wp$ 是模型 $\wp$ 上的完整轨迹（包括起始和终止活动），则在模型中不存在冗余数据错误当且仅当在 $\wp$ 中无任意一条轨迹存在冗余数据错误，形式上：

$$\forall \sigma \in QS_S : \wp, \sigma \models \neg(EU[w(d) \wedge EU[\neg r(d)w(d) \wedge \neg r(d))]]), r \in R, w \in W, d \in D \quad (6\text{-}4)$$

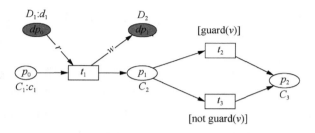

图 6-6　可配置业务流程的冗余数据模式

更新丢失数据错误是由一个活动写入的数据在未被读出之前又被另一个活动写入更新，则前一次活动写入的数据被覆盖而未被使用，产生更新数据丢失错误。

定义 6-10（更新丢失数据）　如果在基于数据流的可配置业务流程中存在一条路径，该路径中有一个数据元素 d $(d \in D)$ 在被某个任务读取之前两次写入，则此数据元素 d 丢失数据更新，用逻辑 ASK-CTL 表示如下：

$$EU[w(d) \wedge EU[\neg r(d) \bigcup w(d)]] \quad (6\text{-}5)$$

如图 6-7 所示，在流程执行过程中，数据库所 dp_2 被变迁 t_1 和 t_2 或 t_1 和 t_3 进行两次写操作，从而由变迁 t_1 写的数据被 t_2 或 t_3 写的数据覆盖，因此，由变迁 t_1 生成的数据丢失，这是由后继变迁写操作引起的更新丢失数据错误。

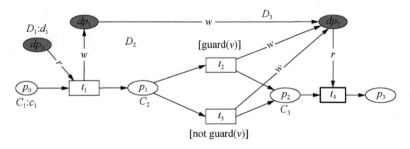

图 6-7　可配置业务流程的更新丢失数据模式

推论 6-3（更新丢失数据检测）　设有基于数据流的可配置业务流程模型 $\wp$，变迁集为 T，D 为数据元素集，假设基于数据流可配置流程 $QS_\wp$ 是模型 $\wp$ 上的完整轨迹（包括起始和终止活动），则在模型中不存在更新丢失数据错误当且仅当在 $\wp$ 中无任意一条轨迹存在更新丢失数据错误，形式上：

$$\forall \sigma \in QS_S : \wp, \sigma \models \neg(EU[w(d) \wedge EU[\neg r(d) \bigcup w(d)]]), r \in R, w \in W, d \in D \quad (6\text{-}6)$$

6.4　实　验　分　析

本节在物流领域中逐步设计出一个基于数据流的可配置业务流程模型，然后用 CPN 工具集[①]验证相关的属性。图 6-8 是物流配送的 CPN 模型，模型中用 10 个活动（在图 6-8 中用方框表示）[Goods Chosing（货物选择）、submit Phone Order（提交电话订单）、submit Paper Order（提交纸质订单）、submit Electric Order（提交电子订单）、Information Input（信息输入）、Duplicate Detection（重复检测）、Sort by Region（地区排序）、Sort by Time（时间排序）、Sort by Priority（优先级排序）、Order Storing（订单存储）]和 7 个库所（在图 6-8 中用白色的椭圆表示）（Start、Goods Chosed、Record Information、Order Submited、Order Confirmed、Order Stored、End）表示相关的状态，普通业务流程模型的控制流可以用这些活动和库所表达，但是应注意，活动之间的数据依赖关系会约束业务流程模型的行为。在图 6-8 中，活动 Goods Chosing 会产生数据 Goods Property，数据 Goods Property 是 3 个提交（submit）活动的输入数据，这里的所有数据都用数据库所（在图 6-8 中用深色椭圆表示）（Goods Choose、Goods Property、Record Form、Electric Order、Delivery Region、Delivery Timesort、Delivery Batch、Order Booked）表示，以示与常规库所区分，这些库所与变迁相连表示流程中的数据流。

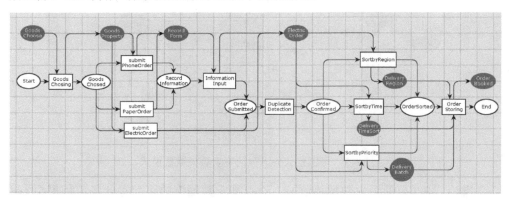

图 6-8　物流配送的 CPN_D

在图 6-8 中，有些变迁将会在任意一个案例中执行，如 $T_{\text{Goods Chosing}}$、$T_{\text{Order Storing}}$，其他变迁会根据具体的用户要求选择执行（allow）、隐藏（hide）或阻隔（block），

---

① http://cpntools.org/.

也就是说，一个案例在执行公共变迁的基础上也会选择执行某些特殊的变迁。例如，仅考虑纸质订单流程则客户只需提交纸质订单，此时执行的变迁序列为 $T_{\text{Goods Chosing}}$、$T_{\text{submit PaperOrder}}$、$T_{\text{Information Input}}$、$T_{\text{Duplicate Detection}}$、$T_{\text{Sort by Region}}$、$T_{\text{Sort by Time}}$、$T_{\text{Sort by Priority}}$ 和 $T_{\text{Order Storing}}$，而变迁 $T_{\text{submit Phone Order}}$、$T_{\text{submit Electirc Order}}$ 将会被阻隔。如果在设计阶段只考虑整个流程而未对这种个性化的需求提供决策设计的支持，则在流程执行阶段需增加对模型的手工调整。而可配置业务流程就是通过支持这种以可控的方式派生个性化流程模型的方法，来减轻流程设计的成本。在 CPN 模型中，为了支持可配置业务流程模型，只需要根据公式或个性化分类将变迁分为常规变迁和可变变迁。常规变迁与普通业务流程中的变迁无区别，而可变变迁可以根据用户特定需求进行灵活配置。在 CPN 模型中，用层次化变迁表示可变变迁，如图 6-9 所示，$T_{\text{submit Phone Order}}$、$T_{\text{Order Storing}}$ 等为可变变迁。

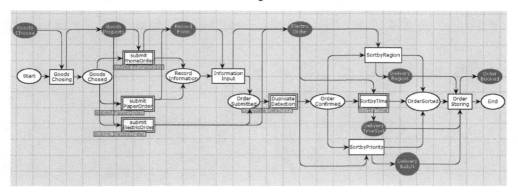

图 6-9　物流配送的可配置 CPN$_D$

如图 6-9 所示，可以从模型中配置出一个电子订单的业务流程，该电子订单不需要排序和重复检测，在具体执行过程中通过隐藏变迁 $T_{\text{Sort by Time}}$ 和 $T_{\text{Duplicate Detection}}$ 来阻隔纸质订单和电话订单的业务流程。派生出的电子订单流程个性化过程如图 6-10 所示。

图 6-11 所示为物流配送领域中基于数据流的可配置 CPN 模型，模型中有分别带有相应托肯的 15 个库所和 10 个变迁，15 个库所由 7 个控制流库所（常规库所）和 8 个数据流库所组成；10 个变迁由 5 个常规变迁和 5 个可变变迁组成（在图 6-11 中，可变变迁是由组合变迁——双层边界方框表示）。这里，某些库所有一个托肯，如数据库所 Goods Choose 中有一个托肯：{caseID=1, goodsID=1, Dress="Wuhan", Time= 7, Priority= low}，在模型的初始标识中，变迁 Goods Chosing 是使能的。

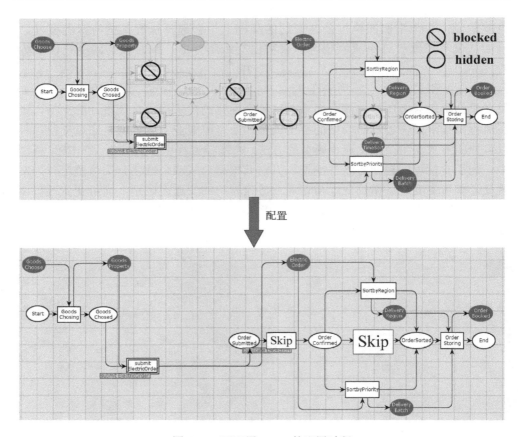

图 6-10　可配置 CPN$_D$ 的配置过程

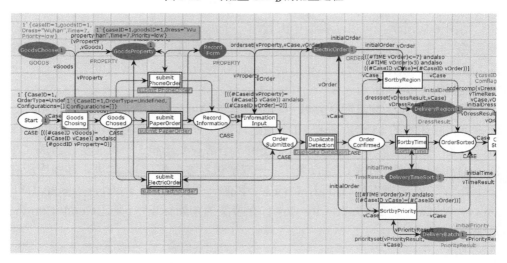

图 6-11　可配置 CPN$_D$ 的完整模型

相关的颜色集和变量如图 6-12 所示，如颜色集 ConfigDesicion 是一个带有 3 个值的枚举类型：Activated、Hidden 与 Blocked；而颜色集 Goods 是一个记录类型：caseID:INT、goodsID:GOODSID、Dress: DeliveryDress、Time:Delivery Time、Priority:PRIORITY。同时，相关的函数定义如图 6-13 所示。例如，函数 checkConfig 的功能是检测 CPN 模型中对某个任务配置的决策，而函数 notConfigured 的功能是检测某个任务是否未被配置。

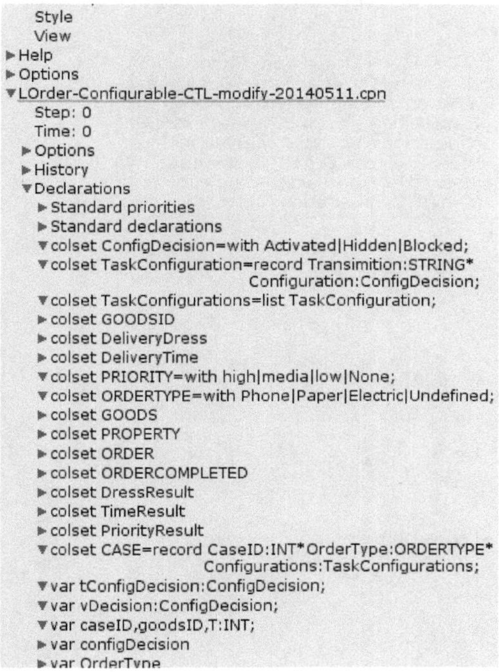

```
  Style
  View
► Help
► Options
▼LOrder-Configurable-CTL-modify-20140511.cpn
  Step: 0
  Time: 0
► Options
► History
▼Declarations
  ► Standard priorities
  ► Standard declarations
  ▼colset ConfigDecision=with Activated|Hidden|Blocked;
  ▼colset TaskConfiguration=record Transimition:STRING*
                          Configuration:ConfigDecision;
  ▼colset TaskConfigurations=list TaskConfiguration;
  ► colset GOODSID
  ► colset DeliveryDress
  ► colset DeliveryTime
  ▼colset PRIORITY=with high|media|low|None;
  ▼colset ORDERTYPE=with Phone|Paper|Electric|Undefined;
  ► colset GOODS
  ► colset PROPERTY
  ► colset ORDER
  ► colset ORDERCOMPLETED
  ► colset DressResult
  ► colset TimeResult
  ► colset PriorityResult
  ▼colset CASE=record CaseID:INT*OrderType:ORDERTYPE*
                      Configurations:TaskConfigurations;
  ▼var tConfigDecision:ConfigDecision;
  ▼var vDecision:ConfigDecision;
  ▼var caseID,goodsID,T:INT;
  ► var configDecision
  ► var OrderType
```

```
►fun CaseReset
►fun propertyset
►fun orderset
►fun dressset
►fun timeset
►fun priorityset
►fun ordercomp
▼fun checkConfig(vTask:STRING,vCase:CASE,
  vConfigDecision:ConfigDecision)=
          List.exists
              (fn a=>(#Transimition a)=vTask andalso
              (#Configuration a)=vConfigDecision)
              (#Configurations vCase);
▼fun notConfigured(vTask:STRING,vCase:CASE)=
      not(List.exists(fn a=>(#Transimition a)=vTask)
          (#Configurations vCase));
►fun DDConfiguration
►fun SPOConfiguration
►fun SEOConfiguration
►fun SPPOConfiguration
►fun STConfiguration
```

　　图 6-12　可配置 CPN$_D$ 的颜色集定义 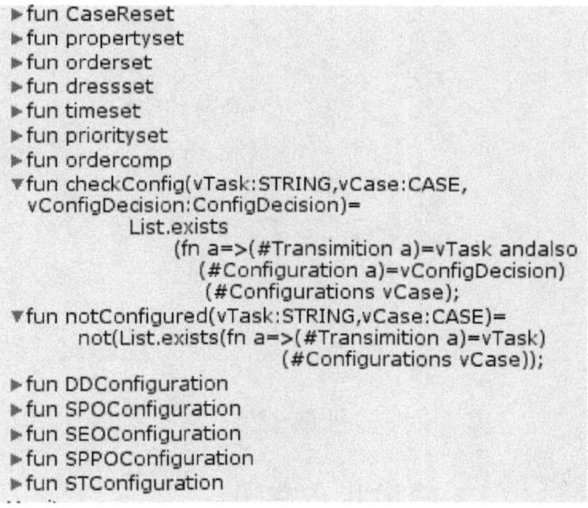　　　　图 6-13　可配置 CPN$_D$ 的函数定义

在图 6-11 中，在执行变迁 Goods Chosing 后，订单预订流程将会依据用户的具体需求选择其中相关的可变变迁执行，直至执行业务流程达到期望结果的终止状态。图 6-14 是电话订单处理的业务流程终止状态的两个具体托肯情形：在托肯 {caseID=1, methods="DressMethods", Comflag=true} 中，当成员 Comflag 值为真时，表示订单处理正确完成；在托肯 {CaseID=1, OrderType=Phone, Configurations= {Transimition="Duplicate Detection", Configuration=Activated}, {Transimition= "submit Phone Order", Configuration=Activated}, {Transimition="submit Electric Order", Configuration=Blocked}, {Transimition="submit Paper Order", Configuration=Blocked}} 中，成员 Configurations 表示可配置变迁的配置，如变迁 Duplicate Detection 的值

为"Activated"表示这个变迁在流程的执行过程已经配置成 enabled，变迁 submit Electric Order 的值为"Blocked"表示这个变迁已经被 blocked。

应用 CPN 对基于数据流的可配置业务流程的相关属性验证结果如下。

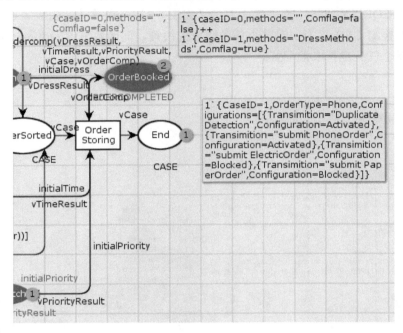

图 6-14　终止时的模型状态

1. 基本属性验证

（1）模型状态空间

基于数据流的可配置 CPN 模型生成的状态空间分析标准结果报告如图 6-15 所示。

标准检测结果分成五部分：状态空间统计、有界性、家态、活性和公平性，从结果中可以看出这个模型无家态和活变迁实例且没有出现无限序列。

（2）终止状态的可达性验证

图 6-16 所示为模型终止状态的可达性结果。首先定义一个用户期望的终止状态 DesiredTerminal，然后使用由 CPN 提供的基本函数验证该终止状态是否可达，最后由 CPN 中的 ML 模块验证终止状态可达函数 ReachablePred DesiredTerminal，可以看出验证结果为真（true）。

CPN Tools state space report for:

/cygdrive/E/fourPaper/experiments/logistic/logisticOrder2-configurable4-CTL.cpn

Report generated:Fri Dec 27 12:07:16 2013

　Statistics

....

　State Space

　　　Nodes:116

　　　Arcs: 115

　　　Secs: 0

　　　Status:Full

　Scc Graph

　　　Nodes:116

　　　Arcs: 115

　　　Secs: 0

　Boundedness Properties

....

Best Integer Bounds	Upper	Lower
Duplicate_Detection' configuration 1	1	0

Best Upper Multi-set Bounds	
Duplicate_Detection' configuration 1	|1`Activated
OrderBooking' Delivery_Batch 1	1`{caseID=0,PResult=false}

Best Lower Multi-set Bounds	
Duplicate_Detection' configuration 1	empty

　Home Properties

....

　Home Markings

　　　None

　Liveness Properties

....

　Dead Markings

　　　22[99,98,96,94,93,...]

　Dead Transition Instances

　　　Duplicate_Detection' Hide 1

　　　OrderBooking' SortbyPriority 1

　　　SortbyTime' Hide 1

　　　SortbyTime' SortbyTime 1

　　　submit_ElectricOrder' Hide 1

　　　submit_ElectricOrder' submit_ElectricOrder 1

　　　submit_PaperOrder' Hide 1

　　　submit_PaperOrder' submit_PaperOrder 1

　　　submit_PhoneOrder' Hide 1

　Live Transtion Instances

　　　None

　Fairness Properties

....

图 6-15　基于数据流的可配置 CPN 模型生成的状态空间分析标准结果报告

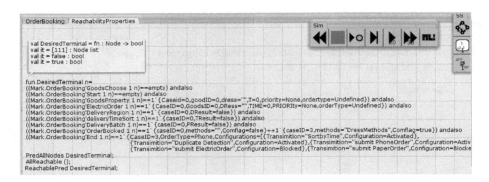

图 6-16　可配置 CPN_D 可达性终止状态验证结果

2.　数据流的正确性验证

前述数据流的相关正确性表示是由 ASK-CTL 描述的，因此，首先要将 CPN 中的 ASK-CTL 模块装载进来，其装载过程如下：

```
use (ogpath^"ASKCTL/BitArray.sml");
                use (ogpath^"ASKCTL/ASKCTL.sml");
                open ASKCTL;
```

这里以验证缺失数据错误的正确性为例，其结果如图 6-17 所示。在验证结果图中，定义结点函数 Node1 和 Node2 表示"Chosing Goods"和"Order is created"两个期望的数据状态，并使用 A1 和 A2 标记这两个状态；定义 ASK-CTL 公式 myASKCTLformula 表示保证无缺失数据信息的正确性属性，并根据 myASKCTLformula 判断模型是否满足无缺失数据信息。从验证结果中可以看出 myASKCTLformula InitNode 为真，所以这个模型中没有缺失数据信息的错误。

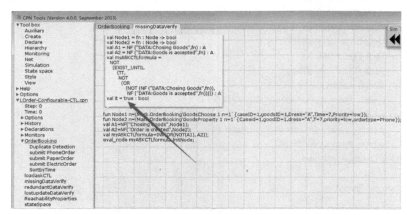

图 6-17　可配置 CPN_D 的数据流约束正确性验证

本 章 小 结

本章提出了一个在着色 Petri 网的基础上扩充的基于数据流的可配置业务流程分析与验证方法。该方法面向特定领域设计出 CPN 模型，然后在这个领域中抽取数据模型，并将其作为流程的约束条件扩充到 CPN 模型中，这样可将数据流整合到业务流程的控制流中。通过配置操作将上述基于数据流的 CPN 模型转换成基于数据流的可配置 CPN 模型，并通过 CPN 提供的 ASK-CTL 工具模块分析和验证模型中数据流的正确性等。

本章为业务流程在云计算环境中可变性配置过程中的数据流约束正确性分析与建模提供了一种可行的方法，使企业能够为用户提供满足数据流约束的个性化业务流程。

第7章 基于业务规则的可配置业务流程的一致性分析

本章主要提出一种关于业务规则的业务流程可变性配置管理合规性的分析与检测方法，该方法能利用模型检测技术对业务流程可变性配置管理中业务规则的一致性进行分析与检测，实现对用户进行个性化业务流程配置的业务规则的合规性。

7.1 引 言

随着企业不断使用业务流程管理来自动化操作其业务流程，业务流程合规性分析也成为企业中一个关键性的问题，合规性规则的流程模型的合规性检测技术日趋重要[51,63,95,112,117,125]。现代化企业面对一系列的挑战，如为了吸引客户，则必须满足他们的期望需求并能够保持柔性。由于全球化和数字化的发展，大多数企业已经接受并采用业务流程管理技术去有效管理其业务流程，同时，越来越多的影响业务操作的合规性需求也被开发出来。例如，Sarbanes Oxley Act (SOX)、European Money Laundering Regulation 和 International Financial Reporting Standards（IFRS）[30,31,65]都已在全球化执行。这些例子表明合法需求和国际标准将深深影响企业的业务流程。这些企业必须保证其业务操作与当地政府的法规合规，但又不会导致经济损失，因此，他们必须对所有相关法令法规有全面综合的理解并能保证其业务流程以期望的方式进行设计和执行。总的来说，业务流程模型的研究者将这些法规或法律视为合规性的约束，当他们制订新的合规性需求时，业务流程会因 3 种可能的影响而改变：已有流程必须或采用或移除；新的业务流程必须引入；无影响而使流程无变化。所以企业必须处理各种不同的合规性约束。合规性意味着业务流程和业务实践能够保证一致。业务流程合规性就是寻求实现这些合规性规则的方法和技术[1,62,64,118-122]。

众所周知，一个可配置业务流程模型表示一个相关业务流程模型的家族，也就是说一个模型通过配置能够根据特定设置进行个性化定制。可配置业务流程模型能够以可控的方式共享公共流程，因此是一个决策模型，它是在流程模型的设计阶段通过流程配置对流程行为进行约束的。在可配置业务流程模型中，业务流程配置操作能够通过阻隔、隐藏或允许可配置流程模型的某个片段而达到。当个性化业务流程模型满足特定用户需求时,它能够在某种需求或指导下进行 3 种配置操作。尽管可配置业务流程模型在配置中提供某种特定指导进行分析,但它们并不能保证个性化流程的语法或语义是正确的。事实上,由于流程中会隐藏某些片段并阻隔其他一些片段,在此前提下派生出的个性化流程会产生行为异常,如死锁或活锁等。当我们考虑可配置业务流程模型的合规性规则时,不仅要考虑控制流和配置的约束正确性,还要考虑模型的合规性规则的正确性[33,74,123,126]。由于法规或法律这些合规性规则相当复杂而且可能存在相互交叉,这显然增加了可配置业务流程模型合规性检测的复杂程度。因而,保证这些规则的合规不仅烦琐,而且耗时,所以可配置业务流程模型的合规性分析是很重要的问题。

现在,有大量对业务流程合规性规则进行建模的方法和模式[97],如从时序逻辑角度讨论业务流程模型的合规性建模等。在这些方法和模式中,模型检测技术是合规性检测首先考虑采用的公共技术;其他还有保证业务流程合规性先验方法并提供有效算法的技术,如基于状态数据对象的流程模型的合规性检测和对无循环流程模型时序的合规性验证(这种方法考虑了时间和信息的视角);此外,还有解决执行合规性监控的技术,如 Aalst 等[63]提出的先验的合规性检测,这个检测介绍了捕获和管理合规性需求的合规性概念模型的方法,并以透明和可验证的方式将这些合规性关联到业务流程中。在文献[1]、[28]、[34]、[62]中用来给出了主要关注于设计阶段的综合合规性管理框架,它首先是面向预先生命周期的合规性支持,用来解决规则和流程的不同生命周期中的离散表示,相关文献[34,64]设计了一个用任务的执行语义标注流程的框架,其合规性是由保持在期望的流程状态的约束集检测到的。王朝霞提出了一种在流程和数据对象版本控制策略之间的合规性问题[34,97,98]。

通过对已有的业务流程合规性研究的分析可知,关于可配置业务流程模型合规性检测的研究是相当少的。为了解决这个问题,我们使用经过配置操作扩展的 CPN 表示可配置业务流程,并提出一种基于扩展 CTL 的可配置业务流程模型合规性分析方法。本章的内容主要有两方面:一方面是开发配置操作修改 CPN 模型,另一方面是应用扩展的 CTL 逻辑来表示从特定领域抽象出来的合规性规则。在这种方法中,首先将可配置业务流程模型的执行行为视为活动序列,活动序列的集合就是可配置业务流程模型的状态空间;其次,通过模型检测技术保证可配置业务流程模型和合规性规则的正确性;最后,给出了可配置业务流程模型合规性分析的相关判定方法,并给出这个方法有效性的相关证明方法。

具体方法:通过改变模型中的变迁修改 CPN 模型以表示可配置能力;在给定的特定领域,抽象出领域的合规性规则并用扩展的 CTL 公式表示这些规则;应用 CPN 模型使合规性逻辑公式成为设计好的业务流程模型的约束条件,使得可配置业务流程模型的实际执行能够反映模型合规性规则的约束状态。接下来，分析用扩展的 CTL 公式表示的可配置业务流程模型的合规性规则。

注意： 由于 CPN 模型提供了相应的工具集和 ASK-CTL 验证模块，我们所提出的方法能够被 CPN 工具集验证，所以能够保证可配置业务流程模型的合规性分析的正确性，这在云计算的业务流程具体配置分析方法中是非常重要的。

7.2　业　务　规　则

在企业的业务流程管理中，与业务相关的操作规范、管理章程、规章制度、行业标准等，都可以称为业务规则（business rules，BR）。业务规则实质上也可以理解为一组条件和在此条件下的操作，是一组准确凝练的语句，用于描述、约束及控制企业的结构、运作和战略，是应用程序中的一段业务逻辑。该业务逻辑通常由业务人员、企业管理人员和程序开发人员共同开发和修改。它的理论基础：设置一个业务条件集合，当满足这个业务条件集合时，触发一个或多个动作。以规则形式捕捉策略语句能提供极大的灵活性和良好的适应性，是企业保持竞争优势的决定性因素。

业务规则是与特定行业中特定业务功能有关的决策时序逻辑的表示形式。就业务和法律规章而言，保险行业是一种受到高度管制的行业，不遵守规章会付出相当惨重的代价。这些限制为该行业带来了必须采用更好的方法来管理其决策逻辑的需要，同时还使保险行业成为业务规则技术的早期采用者之一。为了更好地理解业务规则，下面介绍几个来自保险行业的业务规则示例。

示例 7-1　淘汰条件

在保险行业中，保险单的处理时间是最重要的，系统应用程序的更快响应可以为保险经纪人提供更多的机会以产生更多的业务。保险行业的保险单承保人使用潜在客户的驾驶记录作为确定风险的因素之一。这个示例演示了基于驾驶员的驾驶记录来接受或拒绝投保申请的前端承保筛选条件。代码 1 显示了如何用简单的英语陈述该条件。

代码 1. 用于筛选保险单申请的淘汰条件

```
    If a vehicle is registered in California and Driver had 3
accidents in past 2 years
    Then
    Decline to underwrite or issue an Auto policy.
```

示例 7-2　分层放置条件

在提交某个保险单以后,通常会基于不同的申请条件将其分类到不同的层中,这有助于承保人确定异常的保险单申请。这个示例演示了一个这样的分类。代码 2 显示了如何用简单的英语陈述该条件。

代码 2. 承保分层放置条件

```
If the age of the Driver of vehicle is between 25 and 35
And If no accidents in past 2 years
Then
Put this Driver in Preferred Tier. (higher discounts by default
for this Tier)
```

示例 7-3　验证资格条件

索赔处理是保险业的另一项重要职能,这个示例定义了两个业务决策或操作,如果未在一定时间期限内提交索赔申请,则照此决策或操作执行。代码 3 显示了如何用简单英语陈述该索赔业务条件。

代码 3. 保险业中的索赔处理业务条件

```
If Claim for an accident is not submitted within 15 days
Then
Do not settle the claim
And
Send to manual resolution queue.
```

上述 3 个示例演示的业务可解释为承保某个保单、基于驾驶记录给予折扣和解决索赔所必需的条件或约束。保险行业的全部意义就是管理保险业务和最小化风险。为实现此目的,保险行业使用软件应用程序来系统表达业务条件并自动化这些条件。

7.3　业务规则一致性分析架构及应用场景

随着越来越需要考虑大规模流程部署或多重合规性规则,保证业务流程合规性的自动化技术也显得越发重要,特别是,这些合规性约束可能会影响到业务流程模型的控制流或强化控制访问策略等。因此,企业必须保证其业务操作与本地或全局的立法或法规合规,这些企业的领导者也必须对涉及的立法或法规有全面深刻的理解,以保证业务流程以期望的方式进行设计并执行。由于在可配置业务流程模型环境中，根据所涉及的条件从政府或组织抽象出来的合规性规则相当复杂并被认为是一种交互式的结果，所以对可配置业务流程的合规性规则的正确性分析与验证不仅是烦琐耗时的，而且是复杂的。事实上，合规性分析本质是对业务分析的应用，但要应用在高分布和持续动态的环境中是非常困难的，同时，可配置业务流程模型的持续执行也不容易有效地管理和监控。因此，分析和验证合规性规则是否满足可配置业务流程模型的执行是非常重要的。

我们提出的方法的目的是开发一种基于扩展的 CTL 逻辑的可配置业务流程模型分析和检测框架。这种框架如图 7-1 所示，分为 3 个阶段：

第一阶段，在给定的领域（如医疗系统），业务流程专家从特定领域分析出合规源，如法规、法律和立法等；然后从这些合规源中精化合规性需求，并将这些合规性需求视为合规规则，如图 7-1 中的 A 部分所示。

第二阶段，一方面，合规专家使用扩展的 CTL 逻辑（即 ASK-CTL）规约从第一阶段精化出来的合规规则，另一方面，业务流程专家根据特定领域设计可配置业务流程，然后将前一阶段得出的结果作为 CPN 工具的输入，并验证这些合规规则与可配置业务流程模型的合规，这部分如图 7-1 中 B 部分所示，这是方法的重点部分。

第三阶段，分析在设计阶段合规性的有效性并根据检测结果追踪原因，如果发现合规规则与可配置业务流程模型不合规，则业务流程专家会调整这个模型，因此，可配置的 CPN 模型会满足合规需求并通过配置过程为运行阶段提供合规的业务流程模型。

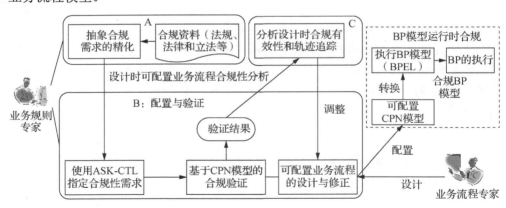

图 7-1　可配置业务流程的合规规则一致分析与检测框架

如图 7-2 所示，我们用医疗领域处理医疗测试流程的例子来说明可配置业务流程的合规性分析框架。这里有 3 个相似的 Petri 网流程模型变体：流程变体 s_1、s_2 和 s_3。流程变体 s_1 是对需要做准备进行普通门诊的病人的处理流程；流程变体 s_2 是对仅需要做普通门诊而无须做准备的病人的处理流程；流程变体 s_3 是对需要进行急诊的病人的处理流程。从图中可以看出，这 3 个流程变体存在公共变迁：Order Medical Examination（预约医疗检查）、Inform Patient（通知患者）、Perform Medical Examination（进行医疗检查）和 Create Medical Report（创建医学报告），而其他变迁是相关流程变体的特定变迁，如变迁 Request Emergency Medical Examination（请求紧急医疗检查）只有在执行流程变体 s_3 时才会执行，所以这些特定变迁都称为可变变迁。所有变迁及其标识符见表 7-1，如 t_1 表示的变迁为 Request Standard Medical Examination（请求标准医疗检查）。

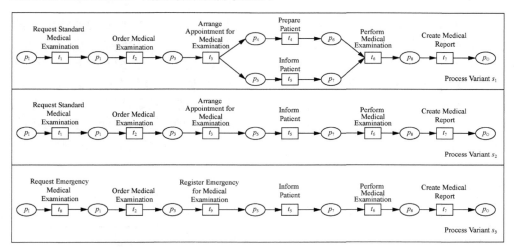

图 7-2　医疗检测处理的流程变体

表 7-1　可配置业务流程的变迁 ID

Transition_id	Transition_name	Transition_id	Transition_name
t_1	Request Standard Medical Examination	t_6	Perform Medical Examination
t_2	Order Medical Examination	t_7	Create Medical Report
t_3	Arrange Appointment for Medical Examination	t_8	Request Emergency Medical Examination
t_4	Prepare Patient	t_9	Register Emergency for Medical Examination
t_5	Inform Patient		

将图 7-2 中的这些流程变体进行合并，形成的可配置业务流程模型用 CPN 表示，如图 7-3 所示。在这个模型中，可配置业务流程模型的每个变体都会根据个性化需求从库所 p_1 到库所 p_O 进行执行。这个模型中包含的可配置变迁用黑色加粗的变迁表示，如变迁 Register Emergency for Medical Examination 就是一个可配置变迁。

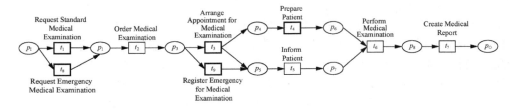

图 7-3　合并变体为可配置业务流程

当可配置业务流程通过用户需求进行配置时，个性化配置后的业务流程模型从可配置业务流程模型派生出来。这里配置后的业务流程模型不仅满足控制流，而且满足合规规则的约束，如流程变体 s_3 是从图 7-3 中配置得到的，这个变体要求遵从相应的合规规则。例如，R1 表示在医疗记录报告创建之前（t_7），医疗检查必须预订（t_2）；R2 表示如果医疗检测的请求是急诊病人（t_8），那么活动 Register Emergency for Medical Examination（为医学检查紧急注册）必须执行（t_9）；等等。这些从可配置业务流程模型中抽象出来的基本规则如表 7-2 所示，本节的主要目标是为可配置业务流程模型提供一种基于扩展 CTL 逻辑的合规性分析方法。

表 7-2　处理医疗检测的几个合规规则

规则标识符	规则描述
R1	Before medical report be created(t_7) the medical examination must be ordered(t_2) and be performed(t_6) whenever
R2	If the request of medical examination is emergency(t_8) then the activity of Register Emergency for Medical Examination must be executed(t_9)
R3	After the patient informed(t_5) the medical report must be created(t_7), however, this must not be done before the medical examination performed(t_6)
R4	The activity Arrange Appointment for Medical Examination(t_3) and Register Emergency for Medical Examination(t_9) are mutually exclusive
R5	Under the Request Standard medical examination, only the activity Inform Patient(t_5) is executed if the patient is already prepared(t_4) after the activity Arrange Appointment for Medical Examination(t_3)

7.4　可配置业务流程模型的一致性分析方法

7.4.1　可配置着色的 Petri 网

用 CPN 表示的可配置业务流程模型的可变点只有可配置变迁，因此，这种模型的变迁分为两类：可变变迁（即可配置变迁）T_v 和常规变迁 T_r。其中，可变变迁 T_v 根据具体需求可以配置为 3 种配置操作：allowed、hidden 和 blocked，因此，这种可配置业务流程模型可以通过将可变变迁依据配置决策配置成不同的业务流程变体。

定义 7-1（C-CPN）　设 CN 是一个 CPN，则 $CN^c = (P, T^c, A, \sum, V, C, G^c, E, I)$ 是一个可配置业务流程模型 C-CPN，这里，$G^c : T^c \to \mathrm{EXPR}_v$，它是将 CN 中的可变变迁指派一个配置操作从而得到一个派生出来的 CN，这里，存在一个配置函数 $F_{\mathrm{CN}} : T_v \to \{\mathrm{allowed, hidden, blocked}\}$，则

1）$F_{\mathrm{CN}}(t) = \mathrm{allow}$，$t \in T_v$ 为 allowed；

2）$F_{\mathrm{CN}}(t) = \mathrm{blocked}$，$t \in T_v$ 为 blocked；

3）$F_{\mathrm{CN}}(t) = \mathrm{hidden}$，$t \in T_v$ 为 hidden。

我们可以得出如下一些结论：

1）$T = (T_v \bigcup T_r) \wedge (T_v \bigcap T_r = \varnothing)$；

2）$A_{\mathrm{CN}}^c = \{t \in T_v \mid F_{\mathrm{CN}}(t) = \mathrm{allow}\}$ 是配置为 allowed 的所有变迁集合；

3）$H_{\mathrm{CN}}^c = \{t \in T_v \mid F_{\mathrm{CN}}(t) = \mathrm{hidden}\}$ 是配置为 hidden 的所有变迁集合；

4）$B_{\mathrm{CN}}^c = \{t \in T_v \mid F_{\mathrm{CN}}(t) = \mathrm{blocked}\}$ 是配置为 blocked 的所有变迁集合。

例如，图 7-4 的模型是一个可配置的 CPN（可变变迁是用黑色加粗的框表示），在变迁 t_2 使能后，变迁 t_4 的执行会指派由定义 7-1 规约的 3 种配置操作，因此变迁 t_4 是一个可配置变迁，则在图 7-4 所示的模型中有 $T_v = \{t_4\}$，$T_r = \{t_1, t_2, t_3\}$，如果变迁 t_4 根据需求指派为 hidden，则 $F_{\mathrm{CN}}(t_4) = \mathrm{hidden}$，$H_{\mathrm{CN}}^c = \{t_4\}$，意味着变迁 t_4 的执行跳过（skip），其他变迁是常规变迁，即 $A_{\mathrm{CN}}^c = B_{\mathrm{CN}}^c = \varnothing$。

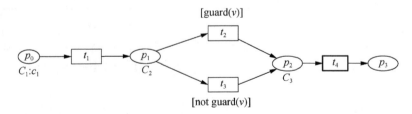

图 7-4　可配置的 CPN 模型

可配置业务流程模型的配置过程就是指从可配置业务流程过程模型中通过 3 种配置操作选择一个配置决策得出配置后的业务流程模型，由于配置为 allow 可变变迁配置的效果与常规变迁是一样的，因此，这里只讨论另外两种配置操作的语义：blocked 和 hidden。表 7-3 详细给出了详细描述。

表 7-3　可配置 CPN 的配置语义

可配置的 CPN 模型	配置后的 CPN 模型	
$t_1 \in T_v$	$F_{CN}(t_1) = $ blocked	$F_{CN}(t_1) = $ hidden

在表 7-3 中，我们能够看出可配置业务流程的细节：第一列表示可配置的 CPN 模型；第二列表示当配置为 blocked 模型时，在变迁 t_1 阻隔后，后续变迁被阻隔；第三列表示当配置为 hidden 模型时，当前变迁被隐藏，后续变迁继续执行。其他情况类似，这里不详细讨论。

定义 7-2（C-CPN 轨迹）　设 CN^c 是一个可配置的 CPN，由触发步经过形成的标记序列是 $M = M_0, \cdots, M_n$，每一步（Y）将会跟随一个配置操作 $F_{CN}(t)$，$\sigma = (Y_2, F_{CN}(t_1)), \cdots, (Y_n, F_{CN}(t_{n-1}))$ 是相应的步序列，这里，t_i 是步 Y_{i+1} 在可配置业务流程模型执行过程中对应的变迁，所以模型的轨迹可记为 $T_r = M_0 \xrightarrow{(Y_1, F_{CN}(t_0))} M_1 \xrightarrow{(Y_2, F_{CN}(t_1))} \cdots \xrightarrow{(Y_n, F_{CN}(t_{n-1}))} M_{n-1}$，则 $M_0[T_r\rangle M_{n-1}$。

例如，在图 7-4 中，如果 guard(v) 为真并且 $F_{CN}(t_4)$ 等于 hidden，则 $F_{CN}(t_3)$ 为 blocked 且变迁 t_4 跳过（skip），换言之，变迁的执行不能被外界观察到，因此，其轨迹为

$T_r = M_0 \xrightarrow{(Y_1, t_1\text{为allowed})} M_1 \xrightarrow{(Y_2, t_2\text{为allowed}, t_3\text{为blocked})} M_2 \xrightarrow{(Y_n, t_4\text{为hidden})} M_3$。

定义 7-3（C-CPN 的行为）　设 CN^c 是一个 C-CPN，M, σ, T_r 分别是标签序列、步序列和 CN^c 轨迹，则 $\delta = \langle (M_0, Y_1, M_1), (M_1, Y_2, M_2), \cdots, (M_{n-1}, Y_n, M_n) \rangle$ 是 CN^c 的行为，并且 $\mathrm{Beh}(CN^c) = \{\delta_i \mid M_0[\sigma_i\rangle M_n\}$ 也是 CN^c 的行为。

定义 7-4（配置后的 CPN）　设 CN^c 是可配置的 C-CPN，F_{CN} 是 CN^c 的一个配置，则配置后的业务流程 $C_N(CN^c, F_{CN}) = (P^c, T^c, A^c, \sum, V, C, G, E, I)$ 满足下列条件：

1）$T^c = (T \setminus (B^c_{CN} \bigcup H^c_{CN})) \bigcup \{\mathrm{skip}_t \mid t \in H^c_{CN}\}$；

2）$A^c = (A \bigcap ((P \bigcup T^c) \times (T^c \bigcup P))) \bigcup \{(p, \mathrm{skip}_t) \mid (p, t) \in A \wedge t \in H^c_{CN}\} \bigcup \{(\mathrm{skip}_t, p) \mid (t, p) \in A \wedge t \in H^c_{CN}\}$；

3）$P^c = (P \bigcap \bigcup_{(x, y) \in A^c} \{x, y\}) \bigcup \{p_{\mathrm{Start}}, p_{\mathrm{End}}\}$。

例如，如果护卫表达式 $\mathrm{guard}(v)$ 为真并且变迁 t_4 指派为 hidden，则从图 7-4 中通过配置派生出来的 CPN 模型如图 7-5（a）所示；如果 $F_{CN}(t_4) = \mathrm{blocked}$，则从图 7-4 中通过配置派生出来的模型如图 7-5（b）所示（将 p_2 和 p_3 合并成库所 p_{23}，用加粗黑椭圆标记）。

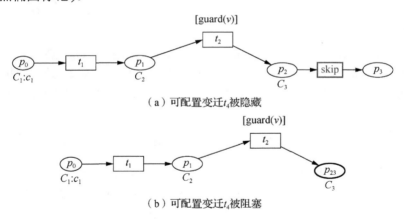

（a）可配置变迁 t_4 被隐藏

（b）可配置变迁 t_4 被阻塞

图 7-5　从图 7-4 中配置出的 CPN 模型

7.4.2　可配置业务流程的配置公式

为了保证可配置业务流程业务规则的一致性，一般来说，只要考虑在确保可配置业务流程控制流健壮的前提下，如何保证可配置业务流程模型的业务规则的一致性。在 CPN 模型中，可以使用 ASK-CTL 公式形式化可配置业务流程中的合规规则，即描述可配置业务流程模型的合规属性，ASK-CTL 可以用来解释由结点和边组成的抽象系统模型。

我们都知道，活动执行时依赖关系约减了配置的总数，活动执行时的业务规则约束也对流程的执行行为空间起一定的约束作用。为考虑配置过程中的业务规则约束因素，首先需要用布尔约束捕获活动之间的执行依赖，如标签为 t_i 的活动不能被阻隔，表达为 $\neg\text{block}_{t_i}$，称为配置公式，用 ASK-CTL 公式表示如下。

定义 7-5（变迁配置的 CTL 公式）　由以下递归定义形成：

1）初始：对一个可配置变迁 $t \in T^v$，t_{allow}、t_{hidden} 和 t_{block} 是配置公式，且为原子公式；

2）如果 φ 和 ψ 是配置公式，则这些公式的组合公式也是配置公式，如 $\neg\varphi$，$\varphi \vee \psi$，$\varphi \wedge \psi$ 和 $\varphi \Rightarrow \psi$。

所有配置公式的集合记为 f_{conf}。

7.4.3　基于 ASK-CTL 的可配置业务流程合规性模式

在本小节，我们仅考虑可配置业务流程模型控制流之间的合规性分析，这些合规规则关注出现在可配置业务流程模型活动之间的时序联系。这里存在几种活动之间的活动时序的模式，如在整合可配置业务流程模型中活动 A 必须要执行；或是活动 B 必须在活动 A 执行之后才能执行；等等。为了有效表达和分析这种可配置业务流程中的合规规则模式，从实际的设计可配置业务流程过程抽象出以下几种合规规则分析模式。

（1）全局前驱多重出现（global proceed multiple occur，GPMO）

这种模式描述这样一种情形：直到活动被 B 执行，活动 A_i 必须都执行并在可配置业务流程配置过程中始终保持这种情形，用 ASK-CTL 公式表达这种模式如下：

$$AG\left(\bigwedge_{i=1}^{n} A_i\right)AU(B) \qquad (7\text{-}1)$$

（2）局部顺序出现（local sequence occur，LSO）

这种模式描述这样一种情形：如果活动 A 执行，则活动 B 就执行，用 ASK-CTL 公式表达这种模式如下：

$$EF(A) \rightarrow AG(B) \qquad (7\text{-}2)$$

（3）局部前驱满足出现（local proceed satisfactory occur，LPSO）

这种模式描述这样一种情形：直到活动 C 被执行，可配置业务流程的执行行为必须满足活动 A 和活动 B 之间的充分条件。用 ASK-CTL 公式表达这种模式如下：

$$EF(EG(A \rightarrow B))EU(C) \qquad (7\text{-}3)$$

（4）全局互斥出现（global mutual occur，GMO）

这种模式描述这样一种情形：活动 A 和活动 B 在可配置业务流程模型的执行

过程中必须保证互斥执行，用 ASK-CTL 公式表达这种模式如下：

$$AG(A \text{ Xor } B) \tag{7-4}$$

这里，Xor 表示互斥执行。

（5）全局后继多重出现（global succeed multiple occur，GSMO）

这种模式描述这样一种情形：如果活动 A 执行后，则出现多个后继活动的执行并保持可配置业务流程的整个配置过程，用 ASK-CTL 公式表达这种模式如下：

$$EG(A \rightarrow \bigwedge_{i=1}^{n} B_i) \tag{7-5}$$

将表 7-2 所示的业务规则用 ASK-CTL 表示，如表 7-4 所示。

表 7-4　用 CTL 公式表示的合规规则

业务规则	CTL 公式表示	模式
R1	AG((Order Medical Examination(t_2) ∧ Perform Medical Examination(t_6)) AU(Create Medical Report(t_7)))	GPMO
R2	EF(Request Emergency Medical Examination(t_8))→AG(Register Emergency for Medical Examination(t_9))	LSO
R3	EF(EG(Inform Patient(t_5) → Create Medical Report(t_7)))EU(Perform Medical Examination(t_6))	LPSO
R4	AG(Arrange Appointment for Medical Examination(t_3) ∧¬ (Register Emergency for Medical Examination(t_9)))	GMO
R5	EG(Arrange Appointment for Medical Examination(t_3) → Prepare Patient(t_4) ∧ Inform Patient(t_5))	GSMO

使用 f_{comp} 表示所有业务规则的 ASK-CTL 逻辑公式集合。

命题 7-1（合规规则的满足）　设 $\wp^c$ 是一个 C-CPN 模型，f_{comp} 和 f_{conf} 分别是其合规公式和配置公式，则 $\wp^c \models f_{comp} \wedge f_{conf}$ 为真，当且仅当 $\forall \delta \in \text{Beh}(\wp^c)$，$\delta \models f_{comp} \wedge f_{conf}$。

证明：从定义 7-2、定义 7-3 和定义 7-4 可知，模型 $\wp^c$ 的行为是其相关轨迹集合，由于这个模型的所有行为集合满足合规公式 f_{comp} 和配置公式 f_{conf}，意味着这个模型的每个行为满足这些合规需求和配置操作，所以 $\forall \delta \in \text{Beh}(\wp^c)$，$\delta \models f_{comp} \wedge f_{conf}$，反之亦然。

定理 7-1（合规检测）　设 $\wp^c$ 是一个 C-CPN 模型，$\text{Beh}(\wp^c)$ 是模型的行为集合，F_{comp} 和 F_{conf} 分别是合规公式和配置公式，如果 $\wp^c \models F_{conf} \wedge F_{comp}$，则 $\text{Beh}(\wp^c) \models F_{conf} \wedge F_{comp}$。

证明：因为 F_{comp}、F_{conf} 和 $\text{Beh}(\wp^c)$ 分别是模型的合规公式、配置公式和行为集合，很容易从命题 7-1 中得到定理 7-1 的结论，细节证明省略。

在 CPN 工具集中提供了 ASK-CTL 模块，我们能够用 ASK-CTL 表示这些模块的配置公式和合规公式，然后去分析和验证模型的相应属性。

7.5　实　验　分　析

在本小节中，将医疗领域处理医疗测试流程的可变性业务流程用 CPN 设计成可配置业务流程模型，然后用 CPN 工具集[①]验证相关合规规则的一致性。图 7-6 是其可配置 CPN 模型，模型中存在 9 个活动（用方框表示）$t_i (i = 1, 2, \cdots, 9)$ 和 9 个库所（用椭圆表示）Start、$p_i (i = 1, 2, \cdots, 7)$、End 表示相关的状态，其中 $t_i (i = 1, 2, \cdots, 9)$ 变迁对应的标记见第 7.3 节表 7-1。在图 7-6 中，t_1, t_3, t_4, t_8, t_9 是 5 个可变变迁。这个可配置业务流程模型表示了医疗测试流程中的至少 3 个业务流程变体。

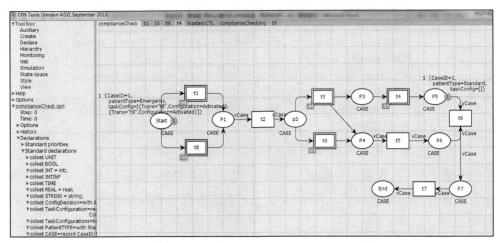

图 7-6　医疗检测处理的可配置 CPN 模型

在图 7-6 中，如果执行可变变迁 t_8（Request Emergency Medical Examination），即急诊病人提出医疗检查的请求后，处理流程将会依据病人的具体需求选择其中相关的可变变迁执行，因此，变迁 t_9（Register Emergency for Medical Examination）执行，即急诊病人需要进行医疗检查紧急处理注册或登记等，因而在变迁 t_8 配置成 "Activated" 执行后，变迁 t_9 也被配置成 "Activated" 执行，其他用于处理普通病人的可变变迁配置为 "Blocked" 而被阻隔。

---

① http://cpntools.org/.

现在应用 CPN 对可配置业务流程业务规则的一致性进行分析与检测，与第 6 章验证数据流的约束性质一样，首先要装载 CPN 中的 ASK-CTL 模块。在这里以检测第 2 模式——R2 的业务规则的一致性为例，其他模型的基本属性、可达性和合规性模式不再详细介绍。其验证结果如图 7-7 所示。在验证中，定义两个弧函数 Tran1 和 Tran2 分别表示两个期望活动的执行状态："Standard patient request"（标准患者请求）和 "Register Emergency for Medical Examination must be executed"（为医疗检查紧急注册必须执行），分别使用 A1 和 A2 标记这两个活动的执行状态，然后定义一个 ASK-CTL 公式 myASKCTLformula 表示活动执行之间保持合规规则的一致性，并根据 myASKCTLformula 判断模型是否满足活动之间的一致性。从本例的验证结果中可以看出 myASKCTLformula InitNode 为真，由此可以判断出这个模型中指定两个活动的执行满足业务规则的一致性。实验结果表明：业务流程在可变性配置过程中满足业务规则的一致性。

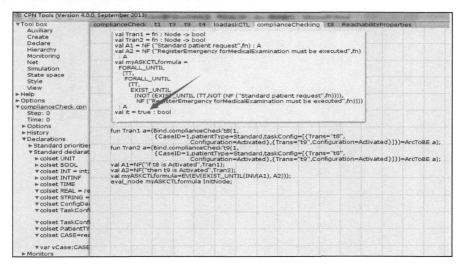

图 7-7　可配置 CPN 模型的合规性分析和检测

本　章　小　结

在本章，我们提出了一种基于 CPN 的可配置业务流程与合规性规则之间的合规性分析方法。该方法使用 CPN 作为形式化模型，通过增加配置操作来表达可配置业务流程，并用扩展的 CTL 公式表示合规性规则，以反映模型的合规性需求。通过应用此方法，我们给出了可配置业务流程合规性分析，并给出了可配置业务流程模型中合规约束的正确性定理。这个方法有效地将合规规则整合到可配置业务流程中，同时提供了相关的工具集来验证可配置业务流程的合规正确性，在此基础上，将来的工作是给出方法的具体案例并研究加入合规性约束后模型的复杂性。

　　本章为业务流程在可变性配置管理过程中满足业务规则的一致性提供了一种分析和检测方法，从而使企业为用户提供个性化业务流程时能够很好地遵循相应的业务规则。

第8章　云计算环境下的业务流程可变性管理平台分析与设计

本章主要介绍实现业务流程可变性管理平台的原型系统，首先介绍整个平台的实现架构和主要功能模块，平台实现了业务流程的一些简单操作，如基础业务流程及其相关插件的设计、管理等操作，为构建用户需求主导的业务流程智能化和动态化需求提供技术支持。本平台架构将考虑与流程存储和 Prom①工具系统进行集成，以便更好地进行流程挖掘方面的研究。

8.1　引　　言

当前产业界正面临着软件业向软件服务业转型的重大机遇期。近年来，在 IBM、Google、Amazon、Microsoft、Apple 等全球知名 IT 企业的云计算应用形态及其商业模式发展需求的有力推动下，软件即服务（software as a service，SaaS）系统推动了"软件服务工程（software service engineering）"的创新和发展。SaaS 意味着用户无须购买软件，而是依据自己的个性需求，向服务提供商租用基于互联网的在线软件来管理企业的经营、日常办公等活动。与公用计算（utility computing）不同，它不是按消耗的资源收费，而是根据向用户提供的服务价值收费。

目前，国内云计算的总体形势以基础架构即服务（infrastructure as a service，IaaS）、SaaS 层为主要市场，SaaS 层趋向与 IaaS 层融合。从 SaaS 到 IaaS 越来越标准化，而越标准化的产品越容易引发价格战。从 IaaS 到 SaaS 越来越接近用户，标准化程度也越来越低，这就要求厂商在性能稳定性、功能丰富性、体验等方面做精做细。据统计，我国对 SaaS 层面的认知来自 salesforce 等国外厂商，他们在进入中国后带来了 SaaS 的概念。2017 年，我国 SaaS 市场的年增速达到 19%，市场规模已达 452 亿元。

本章拟提出一种云计算环境下的业务流程可变性管理平台框架。在云计算背景下，为满足不同企业的个性化业务需求，SaaS 模型需要考虑提供灵活、多样的定制机制，最好提供自动定制的功能，以实现自动配置和部署，从而自动提供给个性化企业使用，节约开发和维护软件的成本。本章提出的平台就是在业务流程

---

① http://www.promtools.org/doku.php?id=prom64.

扩展的基础上进行分析和设计的。

业务流程扩展（business process extension，BPE）是澳大利亚昆士兰科技大学 Hofstede 教授所领导的研究团队于 2011 年提出的一种全新的业务流程个性化定制框架。业务流程扩展的特点在于实现业务流程的设计和业务流程定制组件（business process customization assets，BPCA）的分离，从而构成一个更加独立和灵活的业务过程扩展方法。其中，业务流程提供商（process provider）设计业务流程，而独立软件供应商（independent software vendor，ISV）针对参考流程设计用于流程扩展且可重用的智能过程片段。ISV 设计的流程扩展片段可以在多个不同的流程变体中使用。ISV 是独立的经济利益体，每一次流程扩展片段的重用都会带来一定的经济效益。

然而，当前的业务流程扩展框架还不完善。业务流程往往随着时间推移而发生版本改变，而且，不同的企业往往会根据自身实际需要而修改流程，这使得业务流程扩展难以得到重用。造成这种问题的主要原因是业务流程本身缺乏语义（semantics），从而导致业务流程扩展和参考流程之间存在互操作性（Interoperability）鸿沟，使得使用流程扩展的企业不知道哪些基础流程可以使用流程扩展、流程扩展要在哪里插入基础流程中，以及如何将一个流程扩展应用到基础流程中。

针对上述问题，本章提出了一种基于 RGPS 和模型检测技术相结合的业务流程可变性管理平台，并基于 Java 语言实现了这个框架。使用基于 RGPS 指导的领域本体业务流程扩展，将语义引入业务流程中，可使流程插件充分理解基础流程的含义。本章提出了一系列的算法，计算得到可供流程扩展片段插入的基础流程；通过引入 SPARQL-DL 语言，使业务流程配置管理支持自动化地搜索扩展位置；通过总结 6 种控制流扩展模式和 21 种数据流扩展模式，使流程扩展可以方便地重用到可以重用的基础流程中，并引入基于 RGPS 元模型引导的角色、目标等流程要素的约束建模分析模块，同时将基于 CPN 的数据流约束正确性分析与验证方法扩展到框架设计中。

8.2　业务流程可变性管理平台设计的整体框架

图 8-1 是基于 RGPS 元模型构架与模型检测技术相结合的业务流程可变管理平台框架，平台主要包含以下 8 个部分：①流程模型管理模块，包括流程模型存储及流程相似度的分析与管理；②流程模型扩展管理模块，包括流程模型扩展存储技术等；③本体注册管理模块，主要包括本体存储等；④服务注册管理模块，主要包括服务存储等；⑤流程扩展编织处理模块，主要应用 Jena API 和 SPARK-DL 对 OWL-S 代码进行处理；⑥可配置业务流程多维建模分析模块，主要应用因果

网模型等技术进行配置约束分析；⑦可配置业务流程数据流约束分析模块，主要对可配置业务流程在配置过程中的数据流约束的正确性进行分析与验证；⑧业务规则一致性分析与检测模块，主要对可配置业务流程在配置过程中的业务规则的一致性进行分析与验证。⑥～⑧模块是本章研究内容在原型系统中的体现，是为了在应用中进一步验证多维度可配置业务流程、数据流约束和满足业务规则的可配置业务流程的可行性。

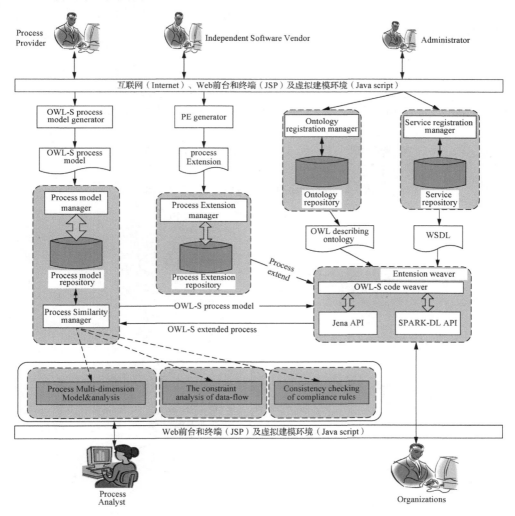

图 8-1 基于领域知识的业务流程可变性管理平台

平台中设置了 5 种角色，分别为 Process Provider（业务流程提供商）、Independent Software Vendor（独立软件供应商）、Organizations（组织）、Administrator（管理者）

及 Process Analyst（流程分析员）。这 5 种角色所具有的权限各不相同，完成的任务也不相同，它们之间的关系却相互依赖：Administrator 注册 Web 服务和 ontology 本体，以便 Process Provider 对流程进行绑定与标识；Independent Software Vendor 根据 Process Provider 提供的基础流程进行插入式插件开发；Organizations 首先选择 Process Provider 提供的基础流程组合业务，然后选择 Independent Software Vendor 开发的插件进行扩展，达到最终实现业务流程碎片的重利用；最后 Process Analyst 对所得的各种流程进行分析与验证。图 8-2～图 8-6 采用 UML 用例图分别对各角色的功能需求进行了建模。

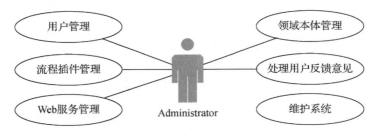

图 8-2　Administrator（管理者）参与用例图

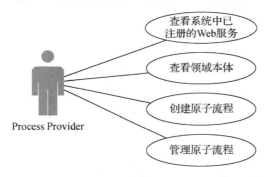

图 8-3　Process Provider（业务流程提供商）参与用例图

图 8-4　Independent Software Vendor（独立软件供应商）参与用例图

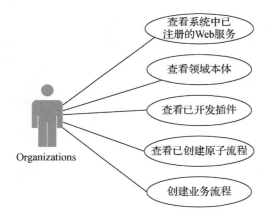

图 8-5　Organizations（组织）参与用例图

图 8-6　Process Analyst（流程分析员）参与用例图

5 种角色的功能的详细介绍如下。

1）Administrator。管理员拥有最高权限：①用户管理，对注册的用户进行审核、通过或删除；②流程插件管理，对 Process Provider 提供的原子流程 Process、Independent Software Vendor 开发的可插入式插件 PE 和 Organizations 组合而成的完整流程进行管理，可查看详情或删除；③进行 Web 服务和领域本体 Ontology 的注册，以及对这些资源的管理（查看、删除等）；④处理用户反馈的意见，为用户提供人工帮助；⑤维护系统。

2）Process Provider。①查看系统中已注册的 Web 服务和领域本体 Ontology；②根据系统中已有的服务、本体，在流程编辑界面开发原子流程；③对开发的原子流程进行管理（查看、修改、删除）。

3）Independent Software Vendor。①查看系统中已注册的 Web 服务和领域本体 Ontology；②通过选择流程和领域，进行可插入式插件开发；③对开发的可插入式插件进行管理（查看、修改、删除）。

4）Organizations。①查看系统中已注册的 Web 服务和领域本体 Ontology；②有权限查看所有 Independent Software Vendor 开发的可插入式插件和 Process Provider 提供的原子流程；③选择 Independent Software Vendor 开发的可插入式插

件和 Process Provider 提供的原子流程进行合并，生成符合自己需求的业务流程。

5）Process Analyst。①对给定领域本体中的可配置业务流程进行多维度的建模与分析；②分析可配置业务流程中数据流中的数据依赖关系并验证其正确性，以确保可配置业务流程配置后生成的个性化流程满足正确的数据流约束；③对可配置业务流程中的业务合规规则进行一致性分析与检测，以确保可配置业务流程配置后生成的个性化流程满足合规性。

8.3　管理平台工具的简单功能界面

1．Process Provider 设计、管理基础流程系统的实现

基础流程是 Independent Software Vendor 插入式插件提供者完成插件设计、Organizations 企业用户完成插件与相关流程的合并的基础，此系统为已完成的流程文件的格式设置了一个规范，其他角色的工作都是按照这个规范进行的，如流程相似性查找和流程与插件的合并等。

（1）角色登录的限制

进入基础流程编辑系统的角色只能是 Process Provider，如图 8-7 所示。

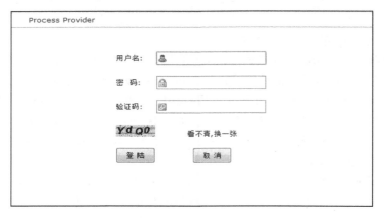

图 8-7　Process Provider 登录界面

（2）进行流程的设计

步骤：绘制流程→导入 Web 服务→进行领域本体标识→组合流程本体标识→控制流、信息流绑定→保存，如图 8-8 所示。

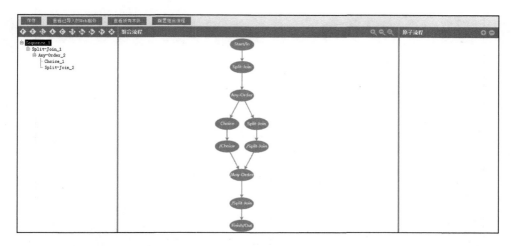

图 8-8　业务流程的设计

（3）流程管理

可以查看已编辑完成的流程，并且可修改、删除流程，如图 8-9 所示。

图 8-9　业务流程管理

2. Independent Software Vendor 插入式插件管理系统的实现

Independent Software Vendor 根据 Process Provider 提供的基础流程进行插入式插件的设计与管理（查看、修改、删除等）。设计时需要指定基础流程。

（1）引导角色进行插件设计

步骤：输入插件名称→选择领域→选择基础流程→指定基础流程提供者，如图 8-10 所示。

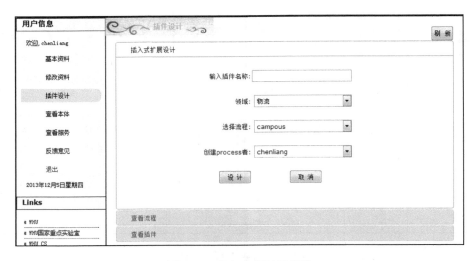

图 8-10　业务流程插件设计

（2）进行插入式插件设计

步骤：选择不同的插入扩展方式（variable 查询、activity 查询、condition 查询）→通过 SPRAQL-DL 显示查询到的 perform→选择插入模式（before、after、around、proceed、parallel）→选择 Web 服务→选择服务操作→数据绑定→插件总览。

（3）插件管理

可以对已设计的插入式插件进行查看、修改、删除，如图 8-11 所示。

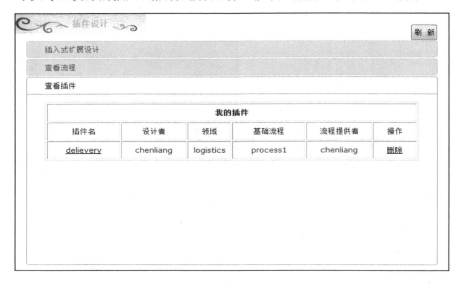

图 8-11　业务流程插件管理

3. Organizations 插件与流程组合系统的实现

步骤：选择插件→选择插入模式（before、after、around、proceed、parallel）→保存，如图 8-12 所示。

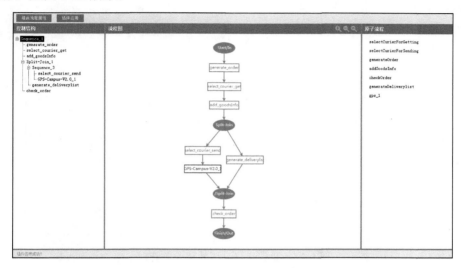

图 8-12　在业务流程中插入插件

4. Administrator 综合管理系统的实现

（1）对注册用户管理

系统中 3 种角色注册时，需要填写注册理由，管理员根据实际情况对这些用户进行管理，包括通过审核、删除等，如图 8-13 所示。

图 8-13　注册用户管理

（2）流程、插件、业务管理

管理员有权限查看、删除 Process Provider 提供的流程，查看、删除 Independent Software Vendor 设计的插入式插件，查看、删除 Organizations 组合的业务，但都不能进行修改，如图 8-14 所示。

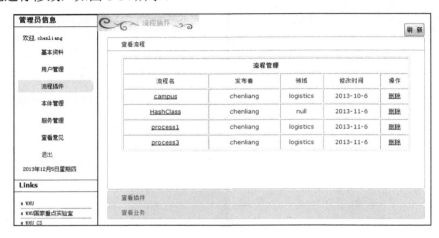

图 8-14　业务流程、插件和业务管理

（3）为系统中 3 种角色提供 Web 服务和 Ontology 本体并对其进行管理

Web 服务和 Ontology 本体由管理员进行注册，用户只能使用系统已注册的服务管理和本体管理进行设计开发，如图 8-15 和图 8-16 所示。

图 8-15　服务管理

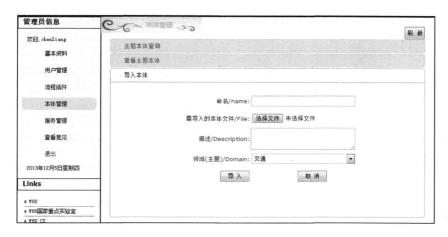

图 8-16　本体管理

本 章 小 结

　　本章在结合前面几章工作内容的基础上设计了业务流程可变性管理平台的原型系统，系统已实现的功能模块有：①Web 服务、Ontology 本体的注册与管理；②基础流程建模（与 Web 服务进行数据流绑定、Ontology 本体进行语义标示）与管理；③插入式插件 PE 的设计与管理；④适应性业务流程的配置与管理。

　　虽然系统目前已很好地实现了预期的创新功能，且设计出完整的 Web 框架，但仍存在一些急待解决的问题。本章所涉及的可变性建模分析与验证部分还只是设计阶段，并未实现，我们后期的工作将围绕业务流程可变性配置建模与分析、验证技术展开，增加平台的集成度，更人性化地满足企业对用户的个性化需求，达到用户主导的目标。

参 考 文 献

[1] BACHLECHNER D, THALMANN S, MAIER R. Security and compliance challenges in complex IT outsourcing arrangements: A multi-stakeholder perspective[J]. Computers & Security, 2014, 40:38-59.

[2] AALST W M P V D. Business process management: a comprehensive survey[J]. ISRN Software Engineering, 2013, (2):1-37.

[3] LI B, WANG Y, PEI J, et al. Business process compliance checking based on provenance data[J]. Journal of Tsinghua University, 2013, 53(12): 1768-1776.

[4] AALST W M P V D, HOFSTEDE A H M T. Workflow patterns put into context[J]. Software & Systems Modeling, 2012, 11(3): 319-323.

[5] CHEN H, CHIANG R H, STOREY V C. Business intelligence and analytics: from big data to big impact[J]. MIS quarterly, 2012, 36(4): 1165-1188.

[6] ROSA M L, DUMAS M, HOFSTEDE A H M T, et al. Configurable multi-perspective business process models[J]. Information Systems, 2011, 36(2): 313-340.

[7] REICHERT M, WEBER B. Enabling flexibility in process-aware information systems:challenges, methods, technologies[M]. Berlin: Springer, 2012.

[8] GOTTSCHALK F W V A, JANSEN-VULLERS M H. Reference modeling[M]. Berlin: Springer, 2007: 59-78.

[9] GOTTSCHALK F, AALST W M V D, JANSEN-VULLERS M H. Configurable process models-a foundational approach[M]. Berlin: Springer, 2007: 59-77.

[10] GOTTSCHALK F, AALST W M P V D, JANSEN-VULLERS M H, et al. Protos2CPN: using colored Petri net for configuring and testing business processes[J]. International Journal on Software Tools for Technology Transfer, 2008, 10(1): 95-110.

[11] GOTTSCHALK F, AALST W M P V D, JANSEN-VULLERS M H, et al. Configurable workflow models[J]. International Journal of Cooperative Information Systems, 2008, 17(2): 177-221.

[12] ROSA M L. Managing variability in process-aware information systems[D]. Brisbane: Queensland University of Technology, 2009.

[13] AALST W M P V D, ADRIANSYAH A, DONGEN B V. Causal nets: a modeling language tailored towards process discovery[M]. Berlin: Springer, 2011: 28-42.

[14] AALST W M P V D. Business process configuration in the cloud: how to support and analyze multi-tenant processes?[C]//Proceedings of the 2011 IEEE Ninth European Conference on Web Services, Lugano, Switzerland: IEEE Computer Society, 2011: 3-10.

[15] EKINCI E E, HALAÇ R C, ERDUR R C, et al. Satisfying agent goals by executing different task semantics: HTN, OWL-S or plug one yourself[J]. Autonomous Agents and Multi-Agent Systems, 2011, 26(2): 141-183.

[16] ROSEMANN M, AALST W M P V D. A configurable reference modelling language[J]. Information Systems, 2007, 32(1): 1-23.

[17] NICOLA A D, MISSIKOFF M, NAVIGLI R. A software engineering approach to ontology building[J]. Information Systems, 2009, 34(2): 258-275.

[18] 国家自然科学基金委员会. 2015 年国家自然科学基金项目指南[M]. 北京：科学出版社，2015.

[19] DIJKMAN R, ROSA M L, REIJERS H A. Managing large collections of business process models—Current techniques and challenges[J]. Computers in Industry, 2012, 63(2): 91-97.

[20] VERA-BAQUERO A, COLOMO-PALACIOS R, MOLLOY O. Business process analytics using a big data approach[J]. IT Professional, 2013, 15(6): 29-35.

[21] BARJIS J. The importance of business process modeling in software systems design[J]. Science of Computer Programming, 2008, 71(1): 73-88.

[22] AALST W M P V D, HEE K M V. Workflow management: models, methods, and systems[M]. Massachusetts London, MIT Press, 2004.

[23] SMITH H, FINGAR P. Business process management: the third wave[M]. Boston Meghan-Kiffer Press Tampa, 2003.

[24] 龚平. 网络式软件的语义过程模型及其验证技术研究[D]. 武汉：武汉大学，2009.

[25] 冯在文. 网络式软件系统需求演化建模方法及关键技术研究[D]. 武汉：武汉大学，2009.

[26] AALST W M P V D. Business process management demystified: A tutorial on models, systems and standards for workflow management[M].Berlin: Springer, 2004: 1-65.

[27] JABLONSKI S, BUSSLER C. Workflow management: modeling concepts, architecture and implementation[M]. Berlin: Springer, 1996.

[28] AALST W M P V D, HOFSTEDE A H T, WESKE M. Business process management: a survey[M].Berlin: Springer, 2003: 1-12.

[29] DONGEN B F V, AALST W M P V D, VERBEEK H M W. Verification of EPCs: using reduction rules and Petri net[M]. Berlin: Springer, 2005: 372-386.

[30] GEORGE S. Money laundering regulations 2007[R]. 2014.

[31] ARMSTRONG C S, BARTH M E, JAGOLINZER A D, et al. Market reaction to the adoption of IFRS in Europe[J]. The accounting review, 2010, 85(1): 31-61.

[32] BASTEN T, AALST W M P V D. Inheritance of behavior[J]. The Journal of Logic and Algebraic Programming, 2001, 47(2): 47-145.

[33] BECKER J, DELFMANN P, KNACKSTEDT R. Adaptive reference modeling: integrating configurative and generic adaptation techniques for information models[M]. Berlin: Springer, 2007: 27-58.

[34] BECKER K, PEDROSO B D S C, PIMENTA M S, et al. Besouro: a framework for exploring compliance rules in automatic TDD behavior assessment[J]. Information and Software Technology, 2014, 57:494-508.

[35] BECKER M, LAUE R. A comparative survey of business process similarity measures[J]. Computers in Industry, 2012, 63(2): 148-167.

[36] MEDEIROS A K A D, WEIJTERS A, AALST W M P V D. Genetic process mining: a basic approach and its challenges[C]//The Business Process Management Workshops: Springer, 2006.

[37] MEDEIROS A K A D, WEIJTERS A, AALST W M P V D. Genetic process mining: an experimental evaluation[J]. Data Mining and Knowledge Discovery, 2007, 14(2): 245-304.

[38] ROSA M L, AALST W M P V D, DUMAS M, et al. Questionnaire-based variability modeling for system configuration[J]. Software & Systems Modeling, 2009, 8(2): 251-274.

[39] BENAVIDES D, SEGURA S, RUIZ-CORTÉS A. Automated analysis of feature models 20 years later: A literature review[J]. Information Systems, 2010, 35(6): 615-636.

[40] 黄颖，何克清，冯在文，等. 一种流程特征结构树的流程合并方法[J]. 小型微型计算机系统，2014，32（1）：6-11.

[41] AALST W M P V D. Woflan: a Petri-net-based workflow analyzer[J]. Systems Analysis Modelling Simulation, 1999, 35(3): 345-357.

[42] AALST W M P V D. Workflow verification: finding control-flow errors using Petri-net-based techniques[J]. Business Process Management, 2000, 1806:161-183.

[43] ZHOU J T. A method for semantic verification of workflow processes based on Petri net reduction technique[J]. Journal of Software, 2005, 16(7): 1242.

[44] WYNN M T, AALST W M P V D, HOFSTEDE A H M T, et al. Verifying workflows with cancellation regions and OR-join: An approach based on reset nets and reachability analysis[M]. Berlin: Springer, 2006: 389-394.

[45] MENDLING J, AALST W M P V D. Formalization and verification of EPCs with OR-join based on state and context[M]. Berlin: Springer, 2007: 439-453.

[46] VERBEEK H M W, AALST W M P V D, HOFSTEDE A H M T. Verifying workflows with cancellation regions and OR-join: an approach based on relaxed soundness and invariants[J]. Computer Journal, 2007, 50(3): 294-314.

[47] GUO Q L, YAO, Q IEEE. Verification of EPCs based on the finite state automata and state-space[M]. Berlin: Springer, 2008.

[48] 何克清, 李兵, 马于涛, 等. 大数据时代的软件工程关键技术[J]. 中国计算机学会通讯, 2014, 10（3）: 8-19.

[49] EMERSON E A, CLARKE E M. Using branching time temporal logic to synthesize synchronization skeletons[J]. Science of Computer Programming, 1982, 2(3): 241-266.

[50] WANG J, HE K, GONG P, et al. RGPS: A unified requirements meta-modeling frame for networked software[C]// presented at the 30th International Conference on Software Engineering, 2008.

[51] ZÄURAM M. Business process simulation using coloured Petri net[D]. Tartu: Institute of Computer Science, University of Tartu, 2010.

[52] SADIQ S, ORLOWSKA M, SADIQ W, et al. Data flow and validation in workflow modelling[C]//Presented at the Proceedings of the 15th Australasian database conference, 2004.

[53] 王健. 网络式软件的需求元建模框架及关键技术研究[D]. 武汉: 武汉大学, 2008.

[54] 何克清, 何扬帆, 王翀, 等. 本体元建模理论与方法及其应用[M]. 北京: 科学出版社, 2008.

[55] 宁达. 基于语义网和社会标注的按需服务发现方法研究[D]. 武汉: 武汉大学, 2012.

[56] 袁崇义. Petri 网及应用[M]. 北京: 科学出版社, 2013.

[57] GOTTSCHALK F. Configurable Process Models[D]. Eindhoven, Holland: Technische Universiteit Eindhoven, 2009.

[58] FABRA J, CASTRO V D, ÁLVAREZ P, et al. Automatic execution of business process models: exploiting the benefits of Model-driven Engineering approaches[J]. Journal of Systems and Software, 2012, 85(3): 607-625.

[59] DÖHRING M, REIJERS H A, SMIRNOV S. Configuration vs. adaptation for business process variant maintenance: an empirical study[J]. Information Systems, 2014, 39: 108-133.

[60] KATOEN J P. Principles of model checking[M]. Berlin: Springer, 2005.

[61] 门鹏, 段振华. 着色 Petri 网模型检测工具的扩展及其在 Web 服务组合中的应用[J]. 计算机研究与发展, 2009, （08）: 1294-1303.

[62] LOHMANN N. Compliance by design for artifact-centric business processes[J]. Information Systems, 2013, 38(4): 606-618.

[63] AALST W M P V D, DUMAS M, OUYANG C, et al. Conformance checking of service behavior[J]. Acm Transactions on Internet Technology, 2008, 8(3): 234-256.

[64] LY L T, RINDERLE-MA S, GOSER K, et al. On enabling integrated process compliance with semantic constraints in process management systems[J]. Information Systems Frontiers, 2012, 14(2): 195-219.

[65] SARBANES P. Sarbanes-Oxley act of 2002[C]//Presented at the Public Company Accounting Reform and Investor Protection Act. Washington DC: US Congress, 2002.

[66] PESIC M, AALST W M P V D. A declarative approach for flexible business processes management[C]//The Business Process Management Workshops: Springer, 2006.

[67] KOEHLER J, VANHATALO J. Process anti-patterns: how to avoid the common traps of business process modeling[J]. IBM WebSphere Developer Technical Journal, 2007, 10(2): 4-12.

[68] TURNER C J, TIWARI A. An experimental evaluation of feedback loops in a business process mining genetic algorithm[C]//Proceedings of the IEEE Congress on Evolutionary Computation, Singapore, 2007.

[69] SONG W, MA X X, HU H, et al. Dynamic evolution of processes in process-aware information systems[J]. Journal of Software, 2011, 22(3): 417-438.

[70] HUANG Y, FENG Z, HE K, et al. Ontology-based configuration for service-based business process model[C]//In 2013 IEEE 10th International Conference on Services Computing, New York: IEEE Computer Society, 2013: 296-303.

[71] 韩伟伦, 张红延. 业务流程建模标注可配置建模技术[J]. 计算机集成制造系统, 2013, 08: 1928-1934.

[72] 黄贻望，何克清，冯在文，等. 一种目标感知的可配置业务流程分析方法[J]. 电子学报，2014，42（10）：2060-2068.

[73] 黄贻望，何克清，冯在文，等. 一种基于 RGPS 着色的 C-net 模型及其应用[J]. 计算机研究与发展，2014，51（09）：2030-2045.

[74] TRCKA N, AALST W M P V D, SIDOROVA N. Analyzing control-flow and data-flow in workflow processes in a unified way[J]. Computer Science Report, 2008, 8-31.

[75] SIDOROVA N, STAHL C, TRCKA N. Workflow soundness revisited: checking correctness in the presence of data while staying conceptual[C]//The 22nd International Conference on Advanced Information Systems Engineering, 2010.

[76] SIDOROVA N, STAHL C, TRCKA N. Soundness verification for conceptual workflow nets with data: early detection of errors with the most precision possible[J]. Information Systems, 2011, 36(7): 1026-1043.

[77] TRCKA N, AALST W M P V D, SIDOROVA N. Data-flow anti-patterns: discovering data-flow errors in workflows[C]//presented at the 21st International Conference on Advanced Information Systems Engineering, 2009.

[78] SUN S X, ZHAO J L. Formal workflow design analytics using data flow modeling[J]. Decision Support Systems, 2013, 55(1): 270-283.

[79] AALST W M P V D, LOHMANN N, ROSA M L. Ensuring correctness during process configuration via partner synthesis[J]. Information Systems, 2012, 37(6): 574-592.

[80] AALST W M P V D, LOHMANN N, ROSA M L, et al. Correctness ensuring process configuration: an approach based on partner synthesis[M].Berlin: Springer, 2010: 95-111.

[81] AALST W M P V D, DUMAS M, GOTTSCHALK F, et al. Preserving correctness during business process model configuration[J]. Formal Aspects of Computing, 2010, 22(3-4): 459-482.

[82] VERBEEK H M W, BASTEN T, AALST W M P V D. Diagnosing workflow processes using Woflan[J]. Computer Journal, 2001, 44(4): 246-279.

[83] LIASKOS S, LAPOUCHNIAN A, YU Y, et al. On goal-based variability acquisition and analysis[C]//Presented at the Requirements Engineering, 14th IEEE International Conference, 2006.

[84] HALLERBACH A, BAUER T, REICHERT M. Capturing variability in business process models: the provop approach[J]. Journal of Software Maintenance and Evolution: Research and Practice, 2010, 22(6-7): 519-546.

[85] SIDOROVA N, STAHL C, TRČKA N. Workflow soundness revisited: checking correctness in the presence of data while staying conceptual[C]//presented at the Advanced Information Systems Engineering: Springer, 2010.

[86] GREENWOOD D, RIMASSA G. Autonomic goal-oriented business process management[C]//Presented at the Autonomic and Autonomous Systems, Third International Conference on IEEE, 2007.

[87] CALISTI M, GREENWOOD D. Goal-oriented autonomic process modeling and execution for next generation networks[C]//presented at the 3rd IEEE International Workshop on Modelling Autonomic Communications Environments, Samos Island, Greece: Springer Verlag, 2008.

[88] KATSAROS P, ODONTIDIS V, GOUSIDOU-KOUTITA M. Colored Petri net based model checking and failure analysis for E-commerce protocols[C]//Proceedings 6th Workshop and Tutorial on Practical Use of Coloured Petri net and the CPN Tools: CiteSeer, 2005.

[89] MULYAR N, AALST W M P V D. Patterns in colored Petri net[M]. Berlin: Springer, 2005.

[90] MULYAR N，AALST W M P V D. Towards a pattern language for colored Petri net[C]//Presented at the sixth workshop and tutorial on practical use of coloured Petri net and the CPN tools: 2005.

[91] GOTTSCHALK F, AALST W M P V D, JANSEN-VULLERS M H, et al. Protos2CPN: using colored Petri net for configuring and testing business processes[J]. International Journal on Software Tools for Technology Transfer, 2007, 10(1): 95-110.

[92] HEE K V, OANEA O, SIDOROVA N. Colored Petri net to verify extended event-driven process chains[M]. Berlin: Springer, 2005: 183-201.

[93] JENSEN K, KRISTENSEN L M. Coloured Petri net: modelling and validation of concurrent systems[M]. Berlin: Springer, 2009.

[94] WANG Z, WANG J, WEN L, et al. Formally modeling and analyzing data-centric workflow using WFCP-NET and ASK-CTL[C]//presented at the 13th International Conference on Enterprise Information Systems, 2011.

[95] ROZINAT A, AALST W M P V D. Conformance checking of processes based on monitoring real behavior[J]. Information Systems, 2008, 33(1): 64-95.

[96] ZHENG Z, LYU M R. Personalized reliability prediction of Web services[J]. ACM Transactions on Software Engineering and Methodology, 2013, 22(2): 1-25.

[97] FANTECHI A, GNESI S, LAPADULA A, et al. A logical verification methodology for service-oriented computing[J]. ACM Transactions on Software Engineering and Methodology, 2012, 21(3): 16-20.

[98] GOTTSCHALK F, AALST W M P V D, JANSEN-VULLERS M H. Merging event-driven process chains[C]//The On the Move to Meaningful Internet Systems, 2008: 418-426.

[99] AALST W M P V D, DONGEN B F V, GÜNTHER C W, et al. ProM: The process mining toolkit[J]. Business Process Management Demos, 2009, 489-541.

[100] WEIJTERS A, RIBEIRO J. Flexible heuristics miner (FHM)[C]//Presented at the Computational Intelligence and Data Mining, 2011 IEEE Symposium, 2011.

[101] AALST W M P V D. Do Petri net provide the right representational bias for process mining?[C]//Workshop Applications of Region Theory 2011: CiteSeer, 2011.

[102] SOLÉ M, CARMONA J. An SMT-based discovery algorithm for C-nets[M]. Berlin: Springer, 2012: 51-71.

[103] LIASKOS S, KHAN S M, LITOIU M, et al. Behavioral adaptation of information systems through goal models[J]. Information Systems, 2012, 37(8): 767-783.

[104] CZARNECKI K, HELSEN S, EISENECKER U. Staged configuration using feature models[M].Berlin: Springer, 2004: 266-283.

[105] WEBBER D L, GOMAA H. Modeling variability in software product lines with the variation point model[J]. Science of Computer Programming, 2004, 53(3): 305-331.

[106] CLASSEN A, CORDY M, SCHOBBENS P Y, et al. Featured transition systems: foundations for verifying variability-intensive systems and their application to LTL model checking[J]. Software Engineering, IEEE Transactions on, 2013, 39(8): 1069-1089.

[107] ZHAO X, LIU C. Version management for business process schema evolution[J]. Information Systems, 2013, 38(8): 1046-1069.

[108] WALKINSHAW N, BOGDANOV K. Automated comparison of state-based software models in terms of their language and structure[J]. ACM Transactions on Software Engineering and Methodology, 2013, 22(2): 1-37.

[109] BHATTACHARYA K, GEREDE C, HULL R, et al. Towards formal analysis of artifact-centric business process models[M]. Berlin: Springer, 2007: 288-304.

[110] GÜNTHER C W, AALST W M P V D. Fuzzy mining–adaptive process simplification based on multi-perspective metrics[M].Berlin: Springer, 2007: 328-343.

[111] VANHATALO J, VÖLZER H, KOEHLER J. The refined process structure tree[J]. Data & Knowledge Engineering, 2009, 68(9): 793-818.

[112] KNUPLESCH D, LY L T, RINDERLE-MA S, et al. On enabling data-aware compliance checking of business process models[C]//The Proceedings of the International Conference Conceptual Modeling, 2010: 332-346.

[113] MEDA H S, SEN A K, BAGCHI A. On detecting data flow errors in workflows[J]. Journal of Data and Information Quality, 2010, 2(1): 1-31.

[114] MENDLING J, REIJERS H A, AALST W M P V D. Seven process modeling guidelines (7PMG)[J]. Information and Software Technology, 2010, 52(2): 127-136.

[115] WEBER I, HOFFMANN J, MENDLING J. Beyond soundness: on the verification of semantic business process models[J]. Distributed and Parallel Databases, 2010, 27(3): 271-343.

[116] AALST W M P V D, HEE K M V, HOFSTEDE A H T, et al. Soundness of workflow nets: classification, decidability, and analysis[J]. Formal Aspects of Computing, 2011, 23(3): 333-363.

[117] ADRIANSYAH A, DONGEN B F V, AALST W M P V D. Towards robust conformance checking[C]//presented at the Business Process Management Workshops: Springer, 2011.

[118] WEIGAND H, HEUVEL W J V D, HIEL M. Business policy compliance in service-oriented systems[J]. Information Systems, 2011, 36(4): 791-807.

[119] CARON F, VANTHIENEN F, BAESENS B. Comprehensive rule-based compliance checking and risk management with process mining[J]. Decision Support Systems, 2013, 54(3): 1357-1369.

[120] HUNT B. Why governance, risk and compliance projects fail—and how to prevent it[J]. Computer Fraud & Security, 2014 (6): 5-7.

[121] IFINEDO P. Information systems security policy compliance: an empirical study of the effects of socialisation, influence, and cognition[J]. Information & Management, 2014, 51(1): 69-79.

[122] WANG Z, HOFSTEDE A H M T, Ouyang C, et al. How to guarantee compliance between workflows and product lifecycles?[J]. Information Systems, 2014, 42: 195-215.

[123] BÖRGER E. Approaches to modeling business processes: a critical analysis of BPMN, workflow patterns and YAWL[J]. Software & Systems Modeling, 2011, 11(3): 305-318.

[124] AALST W M P V D, STAHL W M P, WESTERGAARD C, et al. Strategies for modeling complex processes using colored Petri net [M]. Berlin: Springer, 2013.

[125] GHOSE A, KOLIADIS G. Auditing business process compliance[M]. Berlin: Springer, 2007: 169-180.

[126] DÖHRING M, HEUBLEIN S. Anomalies in rule-adapted workflows—a taxonomy and Solutions for vBPMN[C]. The 16th European Conference on Software Maintenance and Reengineering,2012,117-126.

后　　记

　　本书撰写的完成得益于诸多亲友的帮助，首先是我博士阶段的导师、软件工程领域资深专家何克清教授。非常荣幸能够拜在他的门下，成为他的科研团队的一员。在四年的博士生涯中，何教授在学习和生活中都给予我无微不至的关怀和帮助，他带领我遨游于 RGPS 元模型、云计算和大数据等众多前沿科学研究领域，在此过程中，我学会了如何去把握、理解科学问题的本质。好友赖涵博士参与了本书的部分撰写工作，在此表示特别感谢。感谢课题组的冯在文博士和黄颖博士，他们对本书的完成给予了极大的支持和帮助。感谢我的妻子唐方华，从相识以来我们相濡以沫，在这里我想对她说：感谢你长时间以来对我的理解、宽容和支持，感谢你陪我走过了人生中最难熬的时光，本书的完成你功不可没，更感谢你给了我两个可爱的小天使，使我享受无与伦比的天伦之乐！在以后的生活中我们必将风雨同舟，也坚信我们的感情会坚如磐石！感谢我的岳父母一家给予我无私的关怀、帮助和支持！感谢我的友人多年以来的无私支持和关心！

　　还要将此书献给我在天堂的亲人们！在我攻读博士学位的四年里，我的叔父、伯父、父亲和大姐夫相继离世，使我经历了失去四位至亲的痛楚，现在有心报恩却回报无门，每念及此不禁潸然泪下，他们的离去告诫了我：珍爱身边的每一个人！谨以此专著致敬我离开的四位亲人！

黄贻望

2018 年 6 月 12 日